软件开发 人才培养系列丛书

程序设计基础
C语言

U0390268

+ 陈松 刘颖◎主编
+ 杨芳明 姚雪梅◎副主编

人民邮电出版社
北 京

图书在版编目（CIP）数据

程序设计基础：C语言 / 陈松，刘颖主编. —— 北京：
人民邮电出版社，2022.2
（软件开发人才培养系列丛书）
ISBN 978-7-115-58599-8

Ⅰ．①程… Ⅱ．①陈… ②刘… Ⅲ．①C语言—程序设
计—教材 Ⅳ．①TP312

中国版本图书馆CIP数据核字(2022)第018322号

内 容 提 要

本书采用实例化的编写方式，精心选择和设计趣味性、实用性较强的案例，由浅入深地介绍每章
所涉及的知识点。

全书共 10 章，主要包括 C 语言概述，C 语言基础，顺序结构程序设计，选择结构程序设计，循
环结构程序设计，数组，函数，指针，结构体、共用体和枚举，文件系统等内容。

本书适合作为本科院校理工科类 C 语言程序设计类课程教材和高职高专学校计算机专业教材，还
可作为各类计算机培训机构和自学人员的参考书。

◆ 主　　编　陈　松　刘　颖
　　副主编　杨芳明　姚雪梅
　　责任编辑　张　斌
　　责任印制　王　郁　陈　犇
◆ 人民邮电出版社出版发行　　北京市丰台区成寿寺路 11 号
　　邮编　100164　电子邮件　315@ptpress.com.cn
　　网址　https://www.ptpress.com.cn
　　北京七彩京通数码快印有限公司印刷
◆ 开本：787×1092　1/16
　　印张：15.75　　　　　　　　　　2022 年 2 月第 1 版
　　字数：442 千字　　　　　　　2024 年 12 月北京第 7 次印刷

定价：59.80 元

读者服务热线：(010)81055256　印装质量热线：(010)81055316
反盗版热线：(010)81055315
广告经营许可证：京东市监广登字 20170147 号

前　言

C 语言程序设计课程是一门重要的基础课程。C 语言也是目前流行的编程语言之一。它既具有高级语言程序设计的特点，又有汇编语言的功能，具有运算符和数据类型丰富、生成目标代码质量高、程序执行效率高、可移植性好等特点，成为到目前为止最为经典，且最经久不衰的语言，连续多年位居 TIOBE 世界编程语言排行榜第一。

本书以模块化的程序设计思想为出发点，以解决实际问题为课程目标，精心设计了趣味性和实用性较强的案例，由浅入深地介绍每章所涉及的知识点。全书共分为 10 章，第 1 章介绍了 C 语言的发展、特点等基础知识；第 2 章介绍了 C 语言的基本数据类型、常量和变量、运算符与表达式、数据类型转换；第 3～5 章介绍了结构化程序设计基本方法，包括顺序结构、选择结构和循环结构的设计方法；第 6 章介绍了数组，包括一维数组、二维数组、字符数组与字符串；第 7 章介绍了函数与编译预处理；第 8 章介绍了指针；第 9 章介绍了结构体、共用体和枚举的使用；第 10 章介绍了文件系统。

本书提供习题参考答案、教学大纲、PPT 课件、程序源代码等配套资源，读者可登录人邮教育社区（www.ryjiaoyu.com）下载相关资料。

本书由陈松、刘颖担任主编，杨芳明、姚雪梅担任副主编，姚雪梅编写第 1 章、第 2 章，刘颖编写第 3 章、第 4 章、第 5 章，杨芳明编写第 6 章、第 7 章、第 8 章，陈松编写第 9 章、第 10 章，陈松、刘颖负责对全书进行统稿与整理。

由于编者编写水平有限，书中难免出现疏漏或处理不当之处，恳请读者批评指正。

编者

2021 年 11 月

目　录

第 1 章
C 语言概述

本章导读

    自 20 世纪 60 年代以来，世界上出现的程序设计语言已有上千种之多，但只有很少的程序设计语言能够得到持续的应用。而 C 语言自 1972 年诞生至今，一直广泛应用于系统软件和应用软件的开发之中，成为程序开发的经典语言之一。

    本章旨在让初识 C 语言的读者对其有一个概要性的了解。本章从程序设计和程序设计语言等基本概念入手，简要介绍 C 语言的发展历史、优缺点、词法记号及 C 语言的基本结构，并讲解 C 语言在集成开发环境中的编译、连接及执行过程。

1.1 程序设计与程序设计语言

1.1.1 程序设计

计算机是 20 世纪最具影响力的科学技术发明之一，对人类的生产活动和社会活动产生了极其重要的影响，并以强大的生命力飞速发展。在计算机网络技术的推动下，计算机的应用领域从最初单一的军事科研领域扩展到社会的各个领域，已形成了规模巨大的计算机产业，带动了全球范围的技术进步，由此引发了深刻的社会变革，人们的生活、工作、学习和社交都已离不开计算机。计算机已经成为信息社会中必不可少的工具。

世界公认的"计算机之父"美籍匈牙利数学家冯·诺依曼于 1945 年提出了以"存储程序，自动执行"工作原理为核心思想之一的计算机系统结构——"冯·诺依曼体系结构"。从 1951 年第一台现代意义的通用计算机 EDVAC（Electronic Discrete Variable Automatic Computer，离散变量自动电子计算机）投入运行开始，计算机经历了多次的更新换代，不管是最原始的计算机还是最先进的计算机，使用的都是冯·诺依曼最初设计的计算机体系结构。这种体系结构要求预先编制计算程序，然后由计算机按照人们事前制定的计算顺序来执行数值计算工作。

1．程序及程序设计

当人们要利用计算机来完成某项工作时，不管是完成一个复杂的数学计算，还是对数据进行排序、查找等操作，都必须先制定问题的解决方案，进而再将其分解成计算机能够识别并能执行的基本操作命令。这些操作命令按一定的顺序排列起来，就组成了"程序"。计算机能够识别并能执行的每一条操作命令就称为一条"机器指令"，而每条机器指令都规定了计算机所要执行的一种基本操作。随着程序设计语言种类的不断发展更新，现在人们通常认为：计算机程序就是为完成某个特定任务，用某种程序设计语言编写的语句序列（或指令序列）。

程序设计是给出解决特定问题程序的过程，是软件构造活动中的重要组成部分。程序设计过程应当包括分析、设计、编码、测试、排错等不同阶段。

任何设计活动都是在各种约束条件和相互矛盾的需求之间寻求一种平衡，程序设计也不例外。在计算机技术发展的早期，由于机器资源比较昂贵，程序的时间和空间代价往往是开发者关心的主要因素；随着硬件技术的飞速发展和软件规模的日益庞大，程序的结构、可维护性、复用性、可扩展性等因素日益重要。因此，在程序设计过程中，开发者的着眼点也应该随着时代的发展而不断发生改变，以适应新的行业发展需求。

2．程序设计步骤

（1）分析问题

开发者对于接受的任务要进行认真的分析，研究所给定的条件，分析最后应达到的目标，找出解决问题的规律，选择解题的方法，最后完成实际问题。

（2）设计算法

设计算法即设计出解决问题的方法和具体步骤。

算法（Algorithm）是指解题方案的准确而完整的描述，是一系列解决问题的清晰指令。算法代表着用系统的方法描述解决问题的策略机制。也就是说，算法能够对一定规范的输入，在有限时间内获得所要求的输出。如果一个算法有缺陷，或不适合于某个问题，执行这个算法将不会解决这个问题。不同的算法可能用不同的时间、空间或效率来完成同样的任务。一个算法的优劣可以用空间复杂度与时间复杂度来衡量。

（3）编写程序

编写程序的过程即选择合适的程序设计语言，将算法翻译成程序，对源程序进行编辑、编译和连接。

如果经编译程序检查，发现源程序有语法错误，那就必须用编辑程序来修改源程序中的语法错误后再进行编译，直至没有语法错误为止。如果源程序出现了连接错误，同样需要用编辑程序对源程序进行修改，再进行编译和连接，如此反复进行，直至没有连接错误为止。

（4）运行程序，分析结果

运行可执行程序，得到运行结果。能得到运行结果并不意味着程序正确，要对结果进行分析，看它是否合理。若不合理就要对程序进行调试，调试即通过上机发现和排除程序中的故障的过程。

（5）编写程序文档

许多程序是提供给别人使用的，如同正式的产品应当提供产品说明书一样，正式提供给用户使用的程序必须向用户提供程序说明书。其内容应包括：程序名称、程序功能、运行环境、程序的装入和启动方法、需要输入的数据，以及使用注意事项等。

1.1.2　程序设计语言

程序设计语言从最初的机器语言开始，发展至今天已有上千种。绝大多数的程序设计语言都湮灭在时间长河之中，只有很少一部分得到了广泛的应用，更为稀少的一部分能够得到持续的应用。从发展历程来看，程序设计语言可以分为 4 代。

1. 第一代：机器语言

机器语言是由二进制 0、1 代码指令构成的，不同的计算机具有不同的指令系统。机器语言程序难编写、难修改、难维护，需要用户直接对存储空间进行分配，编程效率极低。这种语言已经基本不再直接使用了。

2. 第二代：汇编语言

汇编语言是机器指令的符号化，与机器语言存在着直接的对应关系，所以汇编语言同样存在着难学难用、容易出错、维护困难等缺点。但是汇编语言也有自己的优点：可直接访问系统接口，汇编程序翻译成的机器语言程序的效率高。从软件工程角度来看，只有在高级语言不能满足设计要求，或不具备支持某种特定功能的技术性能（如特殊的输入/输出）时，汇编语言才会被使用。

3. 第三代：高级语言

高级语言是面向用户的、基本上独立于计算机种类和结构的语言。其最大的优点是：形式上接近于算术语言和自然语言，概念上接近于人们通常使用的概念。高级语言的一个命令可以代替几条、几十条甚至几百条汇编语言的指令。因此，高级语言易学易用，通用性强，应用广泛。

4. 第四代：非过程化语言

第四代语言（4th Generation Language，4GL）是非过程化语言，编码时只需说明"做什么"，不需要描述算法细节。第四代程序设计语言是面向应用，为最终用户设计的一类程序设计语言。它具有缩短应用开发过程、降低维护代价、最大限度地减少调试过程中出现的问题以及对用户友好等优点。

数据库查询和应用程序生成器是 4GL 的两个典型应用。用户可以用结构化查询语言（Structured Query Language，SQL）对数据库中的信息进行复杂的操作。用户只需将要查找的内容在什么地方、根据什么条件进行查找等信息告诉 SQL，SQL 将自动完成查找过程。应用程序生成器则是根据用户的需求"自动生成"满足需求的高级语言程序。真正的第四代程序设计语言应该说还没有出现。目前所谓的第四代语言大多是指基于某种语言环境的具有 4GL 特征的软件工具产品。

1.2　C 语言的发展历史

C 语言诞生于美国的贝尔实验室，C 语言之所以命名为 C，是因为它是以 B 语言为基础发展而来的，而 B 语言则源自 BCPL（Basic Combined Programming Language，基本组合编程语言）。而它的最初设计目标则是为了完成 UNIX 操作系统的重写。随着 UNIX 的广泛应用和不断发展，C 语言也得到了不断的完善和发展。

为了让 C 语言得到全面推广并健康地发展下去，在 1982 年，很多有识之士和美国国家标准协会（American National Standards Institute，ANSI）决定成立 C 标准委员会，建立 C 语言的标准。委员会由硬件厂商、编译器及其他软件工具生产商、软件设计师、学者和程序员组成。1989 年，ANSI 发布了第一个完整的 C 语言标准"C89"，不过人们习惯称其为"ANSI C"。

C89 在 1990 年被国际标准化组织（International Organization for Standardization，ISO）完全采纳，被命名为"ISO/IEC 9899"，也常被简称为"C90"。1999 年，在进行了一些必要的修正和完善后，ISO 发布了新的 C 语言标准，命名为"ISO/IEC 9899：1999"，简称为"C99"。在 2011 年 12 月 8 日，ISO 又正式发布了新的标准，命名为"ISO/IEC 9899: 2011"，简称为"C11"。截至 2020 年，最新的 C 语言标准为 2017 年发布的"C17"。

本书主要参照"C89"标准进行介绍。

1.3　C 语言的特点

C 语言是一种结构化语言，它有着清晰的层次，可按照模块化的方式对程序进行编写，程序调试非常方便，且 C 语言的处理和表现能力都非常强大，依靠非常全面的运算符和多样的数据类型，可以轻易完成各种数据结构的构建，通过指针类型更可对内存直接寻址以及对硬件进行直接操作。因此，C 语言既能够用于开发系统程序，也可用于开发应用软件。其主要特点如下。

1．语言简洁

C 语言包含的全部控制语句仅有 9 种，关键字也只有 32 个，程序的编写要求不严格且以小写字母为主，对许多不必要的部分进行了精简。实际上，语句构成与硬件有关联的较少，且 C 语言本身不提供与硬件相关的输入/输出、文件管理等功能，如开发者需要此类功能，其需要通过配合编译系统所支持的各类库进行编程，故 C 语言拥有非常简洁的编译系统。

2．具有结构化的控制语句

C 语言是一种结构化的语言，以顺序结构、选择结构、循环结构作为结构化程序设计的三种基本结构，提供的控制语句具有结构化特征，如 if…else 语句、switch 语句、for 语句和 while 语句等，可以用于实现函数的逻辑控制，方便面向过程的程序设计。

3．数据类型丰富

C 语言包含的数据类型广泛，不仅包含传统的字符型、整型、浮点型、数组型等数据类型，还具有其他编程语言所不具备的数据类型，其中以指针类型数据使用最为灵活，可以通过编程对各种数据结构进行计算。

4．运算符丰富

C 语言包含 34 个运算符，它将赋值、括号和逗号等均作为运算符来运用，使 C 程序的表达式类型和运算符类型均非常丰富。

5．可对物理地址进行直接操作

C 语言允许对硬件内存地址进行直接读写，因此可以实现汇编语言的主要功能，并可直接操作硬件。C 语言不但具备高级语言所具有的良好特性，又包含了许多低级语言的优势，故在系统软件编程领域有着广泛的应用。

6．代码具有较好的可移植性

C 语言是面向过程的编程语言，用户只需要关注需要解决的问题本身，而不需要花费过多的精力去了解相关硬件，且针对不同的硬件环境，在用 C 语言实现相同功能时的代码基本一致，不需或仅需进行少量改动便可完成移植，这就意味着，一台计算机编写的 C 程序可以在另一台计算机上轻松地运行，从而极大地降低了程序移植的工作强度。

7．可生成高质量、目标代码执行效率高的可执行程序

与其他高级语言相比，C 语言可以生成高质量和高效率的目标代码，故其也常常被应用于对代码质量和执行效率要求较高的嵌入式系统程序的编写中。

然而，C 语言受最初设计理念、时代发展等因素的制约，也不可避免存在一些不足之处，主要体现在以下方面。

（1）C 语言的缺点主要表现在数据的封装性上，这一点使得其在数据的安全性上有很大缺陷，这也是 C 和 C++ 的一大区别。

（2）C 语言的语法限制不太严格，对变量的类型约束不严格，影响程序的安全性，对数组下标越界不作检查等。从应用的角度来说，C 语言比其他高级语言更难掌握。

1.4　C 语言的词法记号

C 语言编译过程的第一个阶段是词法分析，词法分析的工作是将字符或者字符序列转化成词法记号（简称记号）。

1.4.1　C 语言的字符集

每一种计算机语言都规定了该语言能够使用的字符集合。要使用某种计算机语言来编写程序，就必须使用符合该语言规定的字符。C 语言的基本字符集包括以下几类：

（1）英文字母：包括 26 个大写英文字母 A～Z 和 26 个小写英文字母 a～z。

（2）数字：0～9 共 10 个阿拉伯数字。

（3）下画线：_。

（4）空白符：空格符、回车符、制表符等。

（5）特殊字符：C 语言有 28 个特殊字符，如表 1-1 所示。

表 1-1　特殊字符

序号	字符	序号	字符	序号	字符	序号	字符
1	+	8	)	15	;	22	&
2	−	9	{	16	:	23	'
3	*	10	}	17	|	24	"
4	/	11	[	18	\	25	,
5	^	12	]	19	!	26	.
6	=	13	<	20	#	27	?
7	(	14	>	21	%	28	~

除表 1-1 所示特殊字符以外的其他字符都只能放在注释语句、字符型常量、字符串常量和文件名中。

1.4.2　标识符

在 C 语言中，不同的符号常量、变量、数组、函数等都需要有各自的名称以相互区分，我们把这种名称称为标识符。C 语言标识符的命名规则如下。

（1）只能由字母、数字和下画线组成。

（2）以字母或下画线开头。

（3）区分大小写。

（4）不能和C语言中规定的关键字重名。

例如，以下均为合法的标识符：_max、score1、x、A_1、SumOfNumber。

1.4.3　关键字

C语言的关键字又称为保留字，是指由C语言标准规定了特定含义的一系列字符串，它们不能作为用户自定义标识符使用，主要是由一些小写英文字母组成的字符序列。"C89"标准规定了C语言的32个关键字。我们可以将它们分为如下几类。

（1）数据类型，包括：void、short、int、unsigned、signed、long、double、struct、union、enum、char、float。

（2）流程控制，包括：if、else、switch、case、default、do、while、for、break、continue、goto、return。

（3）存储类别及其他，包括：auto、register、static、extern、const、volatile、sizeof、typedef。

在C语言的后续的各个标准中，还新增了一些别的关键字。例如，C99新增5个关键字，包括：_Bool、_Complex、_Imaginary、inline、restrict。C11新增7个关键字，包括：_Alignas、_Alignof、_Atomic、_Generic、_Noreturn、_Static_assert、_Thread_local。

1.5　C语言的简单实例

下面我们通过几个简单的C程序实例，介绍C语言程序的基本结构。

【例1.1】在屏幕上输出一串字符"知识点亮人生，学习成就未来! 欢迎进入C语言的世界! "。程序如下：

```
1    #include<stdio.h>
2    int main()
3    {
4        printf("知识点亮人生，学习成就未来! 欢迎进入C语言的世界! \n");
5        return 0;
6    }
```

程序运行结果：

知识点亮人生，学习成就未来! 欢迎进入C语言的世界!

程序分析如下。

（1）因为在程序中使用了标准库函数 printf()，所以要将其所在的头文件"stdio.h"包含进本程序，程序的第1行完成了这一任务。

为方便用户进行程序开发，C语言的各种编译系统通常都会提供一些非常有用的公用函数，我们称之为标准库函数。用户在编写程序时，可以直接调用这些标准库函数，从而加快开发进度，提高开发效率。例如，C语言没有输入/输出语句，也没有直接处理字符串的语句，而一般的C编译系统都提供了完成这些功能的函数。这些标准库函数根据功能分类，被放入不同的头文件里。当我们在程序中使用到这些标准库函数时，需要将它们所在的头文件包含进程序之中，一般是在程序开始部分用如下形式来完成：

```
#include <头文件名>
```

或

```
#include "头文件名"
```

> **注意**
>
> 以"#"开头的语句是预处理命令，不属于 C 语言的标准语句。

（2）一个 C 语言程序是由一个到多个用户自定义函数组成的，其中有且只有也必须有一个"主函数"，它的函数名称为"main"，一个 C 语言程序总是从 main() 函数开始执行的。本程序仅由一个用户自定义函数组成，因此它的函数名必须为"main"。一个函数由函数首部和函数体两部分组成，因此在本例中，第 2 行为主函数的函数首部，第 3～6 行为主函数的函数体。函数体是由一对花括号括起来的一组语句。

（3）语句以";"作为结束符。

（4）第 4 行调用了标准库函数 printf()，其功能是在屏幕输出字符串"知识点亮人生，学习成就未来！欢迎进入 C 语言的世界！\n"。

其中，"\n"是换行符，其功能是让屏幕光标移动到下一行的行首。

（5）第 5 行，程序执行结束，用 return 语句返回操作系统。

【例 1.2】 输入两个整数，求两数之和。

程序如下：

```
1    #include<stdio.h>
2    int main()
3    {
4        int a, b, sum;               /*定义变量*/
5        scanf("%d%d",&a,&b);         /*输入变量的值*/
6        sum = a + b;                 /*求和*/
7        printf("sum=%d\n",sum);      /*输出两数的和值*/
8        return 0;
9    }
```

程序运行结果：

```
12 81
sum=93
```

程序分析如下。

（1）/*……*/为 C 语言的注释，以"/*"开头，以"*/"结束，"/"和"*"之间不能有空格。中间的文字可以是英文或者中文等。注释主要用以对程序的语义进行解释说明，帮助人们快速理解程序的功能含义，提高程序的可读性。注释可以是一行中的一部分，可以独立占据一行，也可以跨越多行。编译形成目标文件时，注释部分会被编译器忽略。

（2）第 4 行定义了 3 个整型变量 a、b 和 sum。程序执行时，会为它们分配相应的内存空间，因此后面可以用它们来存储整数值。

（3）第 5 行使用了 scanf() 函数来输入两个整型数给变量 a 和 b。scanf() 是一个标准输入函数，在头文件"stdio.h"中定义。其中"%d%d"称为"输入格式字符串"，"%d"表示要输入一个十进制有符号数。此句的功能是：输入两个十进制有符号数，分别放入变量 a 和 b 中。"&"是取地址运算符，"&a"表示变量 a 的地址。

（4）第 6 行，将变量 a、b 相加求和，并将和值存入变量 sum 之中。

（5）第 7 行使用 printf() 函数输出变量 sum 的值。其中"sum=%d\n"称为"输出格式字符串"，其中"%d"表示要以十进制有符号的整型格式输出变量 sum 的值。

在实际软件开发过程中，当我们面对规模较大、功能较复杂的任务时，通常会采用"自顶向下，逐步求精"的方法来将复杂问题的解法分解和细化成若干个模块，然后用一个个函数来分别实现每个模块功能。因此，例 1.2 也可由如下程序来完成。

【例1.3】输入两个整数，求两数之和（求和功能使用自定义函数完成）。

程序如下：

```
1   #include<stdio.h>
2   int sum_f(int x, int y)          /*定义函数 sum_f()，形式参数 x、y 为整型*/
3   {
4       int s;                       /*定义整型变量 s*/
5       s = x + y;                   /*将 x 与 y 相加求和，并存入变量 s 之中*/
6       return s;                    /*返回，并将 s 的值作为函数运算结果带回本函数被调用之处*/
7   }
8   int main()
9   {
10      int a, b, sum;               /*定义变量*/
11      scanf("%d%d", &a, &b);       /*输入变量的值*/
12      sum =sum_f(a,b);             /*调用函数 sum_f()求出 a、b 之和，存入变量 sum 之中*/
13      printf("sum=%d\n", sum);     /*输出两数的和值*/
14      return 0;
15  }
```

程序运行结果：

```
2 3
sum=5
```

程序分析如下。

（1）本程序包括两个函数，2~7 行为 sum_f()函数，8~15 行为 main()函数。

（2）第 2 行为函数 sum_f()的函数头部，sum_f 为函数名，x、y 为形式参数，形式参数要说明其类型。

（3）第 7 行的 return 语句结束本函数的执行，并将 s 的值作为函数运算结果带回本函数被调用之处。

（4）第 12 行中 sum_f(a,b)为函数调用，将会暂停当前函数（此例中为 main()函数）执行，转去执行 sum_f()函数，其中括号内的 a 和 b 为实际参数，执行时将会把 a 和 b 的值分别传递给 sum_f()函数中的形式参数 x 和 y。

1.6　集成开发环境

1.6.1　常用集成开发环境介绍

1．C 语言编译器

计算机高级语言非常便于人们编写、阅读、交流和维护。机器语言则能够让计算机直接解读、运行。一个用高级语言编写的程序要能够被计算机执行，必须经过翻译的过程，这个翻译过程有解释型和编译型两种类型。C 语言的翻译过程属于编译型，实现这个过程的程序称为编译器。直观来讲，编译就是将用高级语言编写的源程序翻译为与之等价的用低级语言描述的目标程序的过程。

目前广泛使用的 C 语言编译器有以下几种。

（1）GCC（GNU Compiler Collection，GNU 编译器套件）：GNU（GNU's Not UNIX，GNU 并非 UNIX）组织开发的开源免费的编译器。

（2）MinGW（Minimalist GNU for Windows，Windows 的极简 GNU）：Windows 操作系统下的 GCC。

（3）Clang：开源的 BSD（Berkeley Software Distribution，伯克利软件套件）协议的基于 LLVM（Low Level Virtual Machine，底层虚拟机）的编译器。

（4）cl.exe：Microsoft Visual C++ 自带的编译器。

2．C 语言的集成开发环境

集成开发环境（Integrated Development Environment，IDE）是用于提供程序开发环境的应用程序，一般包括代码编辑器、编译器、调试器和图形用户界面等工具，集成了代码编写功能、分析功能、编译功能、调试功能等功能的一体化开发软件服务套件。所有具备这一特性的软件或者软件套（组）都可以叫集成开发环境。目前广泛使用的 C 语言的集成开发环境主要有以下几种。

（1）Code::Blocks：开源免费的 C/C++ 集成开发环境。

（2）CodeLite：开源、跨平台的 C/C++ 集成开发环境。

（3）Dev-C++：可移植的 C/C++ 集成开发环境。

（4）Visual Studio 系列。

1.6.2　C 语言程序的执行过程

一个 C 语言程序必须经过编译和连接形成可执行程序，之后才能被计算机执行。因此，C 语言程序的上机执行过程一般要经过图 1-1 所示的四个步骤，即：编辑、编译、连接和执行。

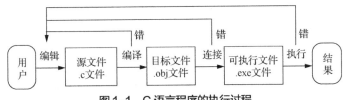

图 1-1　C 语言程序的执行过程

（1）编辑源程序，完成后将源程序以扩展名.c 存盘。

（2）对源程序进行编译，将其转换成扩展名为.obj 的二进制代码，但此二进制代码仍不能运行。若源程序有错，则修改后再重新编译。

（3）对编译通过的源程序与库函数和其他二进制代码进行连接生成可执行程序。在连接过程中，可能出现函数未定义等错误，此时，就必须修改源程序，重新进行编译和连接。

（4）执行生成的可执行代码，若不能得到正确的结果，还得修改源程序，重新进行编译和连接；若能得到正确的结果，则整个编辑、编译、连接、运行过程顺利结束。

本章小结

1．本章知识点

（1）程序、程序设计语言的概念。

（2）C 语言发展的历史。

（3）C 语言的特点。

① 语言简洁。

② 具有结构化的控制语句。

③ 数据类型丰富。

④ 运算符种类丰富。

⑤ 可对物理地址进行直接操作。

⑥ 代码具有较好的可移植性。

⑦ 生成代码质量高，目标代码执行效率高。

（4）C 语言的基本结构。

① C 程序由函数构成，函数是 C 程序的基本单位。

② 一个 C 源程序至少包含一个 main() 函数（主函数），主函数是每个程序执行的起始点。

③ 一个函数由函数首部和函数体两部分组成。

（5）C 语言程序的上机运行步骤。

编辑、编译、连接和运行。

2. 重难点

（1）C 语言的基本结构，main() 函数在程序中的作用。

（2）C 语言程序的上机运行步骤。

习题 1

班级＿＿＿＿＿＿　　姓名＿＿＿＿＿＿　　学号＿＿＿＿＿＿

一、选择题

1. 以下为合法的 C 语言标识符的是（　　）。

    A. _123　　　　B. int　　　　C. name@qq　　　D. 9_a

2. 以下为合法的 C 语言的关键字的是（　　）。

    A. INT　　　　B. Default　　　C. auto　　　　D. main

3. 一个 C 语言程序总是从（　　）开始执行的。

    A. 第一个函数　　　　　　　　B. 最后一个函数

    C. 随机选定一个函数　　　　　D. 主函数

4. 以下说法不正确的是（　　）。

    A. 一个 C 语言程序可以包含多个函数

    B. 一个 C 语言程序之中，只能有一个主函数

    C. 一个 C 语言程序之中，可能没有主函数

    D. 一个 C 语言程序可以仅由一个函数组成

5. C 语言源程序经过编译后，生成文件的后缀是（　　）。

    A. .c　　　　　B. .obj　　　　C. .cc　　　　D. .exe

6. 结构化程序设计的 3 种基本结构是（　　）。

    A. 顺序结构、选择结构、循环结构　　　B. 嵌套结构、选择结构、循环结构

    C. 嵌套结构、选择结构、顺序结构　　　D. 递归结构、顺序结构、选择结构

7. 以下关于 C 语言程序中注释的说法正确的是（　　）。

    A. 注释部分将会原封不动地出现在可执行程序当中

    B. 注释以 "*" 开头，以 "*\" 结束

    C. C 语言程序中注释部分可以出现在程序中任意合适的地方

    D. 一个注释只能包括一行内容

8. 以下说法中，不正确的是（　　）。

    A. 一个 C 语言函数由函数首部和函数体组成

    B. 一个 C 语言函数的函数体是由一对花括号（{}）括起来的一组语句

    C. 分号是 C 语言语句的结束标志

    D. printf() 函数用于进行数据的输出，因此 printf 是 C 语言的一个关键字

9. 在一个 C 语言程序中，（　　）。
   A. main()函数必须出现在所有函数之前　　B. main()函数可以在任何地方出现
   C. main()函数必须出现在所有函数之后　　D. main()函数必须出现在固定位置
10. 以下叙述正确的是（　　）。
   A. C 语言比其他语言高级，所以仅用于开发操作系统
   B. C 语言一直被广泛使用，因此具有其他语言的一切优点
   C. C 语言是一种编译型高级语言
   D. C 语言通过编译之后形成的.obj 文件可由计算机直接执行

二、判断题

1. 一个 C 语言程序可由计算机直接执行。（　　）
2. 当源程序经过编译、连接形成可执行文件之后，程序设计的任务就算成功完成。（　　）
3. 当一个 C 语言程序中使用了某个标准库函数时，必须将其所在的头文件包含进程序当中。
（　　）
4. 一个 C 语言源程序由一个或多个函数组成。（　　）
5. C 语言程序中的注释主要用以帮助人们快速理解程序的功能含义，提高程序的可读性。
（　　）
6. 一个 C 语言程序在编译的时候没有发现错误，就说明这个程序完全正确了。（　　）
7. C 语言源程序经过编译、连接后，如果没有错误，将形成扩展名为.exe 的可执行文件。
（　　）
8. 预处理命令#include<stdio.h>后面必须加一个分号，否则会出现语法错误。（　　）

三、简答题

1. 查阅资料，深入了解 C 语言的特点，说说 C 语言同其他高级语言的异同。
2. 依照示例，编写一个简单的 C 语言程序。

第 2 章
C 语言基础

本章导读

简单地讲，计算机语言程序的功能一般是对一系列数据进行一系列运算操作，以达到一个特定的目标。因此，我们首先要知道数据能够以什么样的形式存储在计算机当中，其次要知道可以对这些数据进行哪些运算操作。本章旨在解决以上问题，主要包括：

（1）通过常量和变量来介绍 C 语言的基本数据类型；

（2）对 C 语言的运算符进行分类讲解，说明它们的语法规定、语义功能、优先级结合性，强调使用时的注意事项；

（3）C 语言数据类型转换的 3 种形式。

2.1　C 语言的数据类型

要使计算机能够通过程序来完成特定任务，首先要解决的是数据的存储问题，包括数据的存储编码格式、存储二进制数位，不同数据之间存在的某些联系等。C 语言提供了多种数据类型，用以适应不同情况的需要。数据类型不同，它所表达的数据范围、精度和所占据的存储空间均不相同。

C 语言规定的主要数据类型如图 2-1 所示。

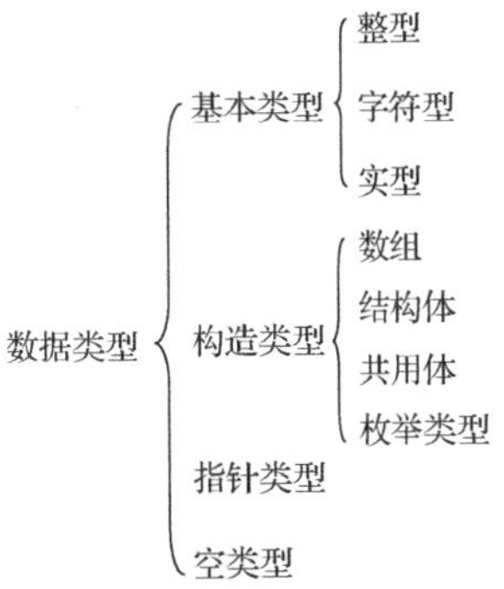

本章主要介绍基本数据类型，其他的数据类型会在后续章节中进一步介绍。

计算机中所有信息都是以二进制形式表示的，因此不管是以整型数据和实型数据为代表的数值数据，还是以字符型数据为代表的非数值数据，都是以二进制的形式存储在计算机中的。根据不同类型数据的特点，人们采取了不同的方式来对它们进行编码。

图 2-1　C 语言的主要数据类型

1. 字符型

C 语言的字符型数据只在内存中占用一个字节的存储长度，通常只用于存储一个西文字符或标点符号等，采用的编码方式为 ASCII（American Standard Code for Information Interchange，美国信息交换标准代码）。ASCII 是由美国国家标准学会（ANSI）制定的，是一种标准的单字节字符编码方案，用于基于文本的数据。它最初是美国国家标准，供不同计算机在相互通信时用作共同遵守的西文字符编码标准，后来它被国际标准化组织（International Organization for Standardization，ISO）定为国际标准，称为 ISO 646 标准，适用于所有拉丁文字字母。标准 ASCII 也叫基础 ASCII，使用 7 位二进制数（剩下的 1 位二进制为 0）来表示所有的大写和小写字母，数字 0 到 9、标点符号，以及在美式英语中使用的特殊控制字符。

例如，英文字母 A~F 的 ASCII 编码如表 2-1 所示。

表 2-1　英文字母 A~F 的 ASCII 编码

二进制	十进制	十六进制	字符
0100 0001	65	41	A
0100 0010	66	42	B
0100 0011	67	43	C
0100 0100	68	44	D
0100 0101	69	45	E
0100 0110	70	46	F

字符型数据在内存中只占一个字节，如表 2-2 所示。

表 2-2　字符型数据

字符类型	类型名	存储字节数	取值范围
字符型	char	1 字节	0~255

2. 整型

整型数据编码时，通常用最高位（左起第一位）来表示一个数据的正负性，0 表示正数，1 表示负数。整型数据可以采用原码、反码和补码等不同的表示方法。为了便于计算机内的运算，一般以补码表示数值。

（1）正数的原码、反码和补码相同

以计算机字长（字长：计算机同时处理的二进制位数）为16位为例，则有如下编码：

1 的原码、反码、补码均为　　　00000000　00000001

2 的补码、反码、补码均为　　　00000000　00000010

（2）负数的原码、反码和补码

① 原码：符号位是1，其余各位表示数值的绝对值。

② 反码：符号位是1，其余各位对原码取反。

③ 补码：反码最低位加1。

-1 的原码是：　　　　　　　　10000000　00000001

-1 的反码是：　　　　　　　　11111111　11111110

-1 的补码是：　　　　　　　　11111111　11111111

C 语言提供了多种整型，用以适应不同情况的需要。常用的整型包括有符号整型、有符号长整型、无符号整型和无符号长整型 4 种基本类型。不同类型的差别就在于采用不同位数的二进制编码方式，所以就要占用不同的存储空间，就会有不同的数值表示范围，如表2-3所示。

表2-3　不同类型的整型数据

整型类型	类型名	存储字节	取值范围
有符号整型	int	2 字节	-32768~32767
有符号短整型	short [int]	2 字节	-32768~32767
有符号长整型	long [int]	4 字节	-2147483648~2147483647
无符号整型	unsigned [int]	2 字节	0~65535
无符号短整型	unsigned short [int]	2 字节	0~65535
无符号长整型	unsigned long [int]	4 字节	0~4294967295

其中有符号整型的存储字节数与取值范围跟字长有关，本书统一以16位字长为例。

3．实型

实型数据通常采用浮点格式表示。

如果用科学计数法表示一个实数，我们可以得到如下形式：

$$N=M×R^E$$

其中，R 为基数；M 表示 N 的全部有效数字，称为 N 的尾数，反映了数据的精确度；E 为指数，也称为阶码，表示小数点的位置，反映了数据的表示范围。

因此，在计算机中用浮点格式表示一个实数时，我们首先将该数转化成二进制数，然后将得到的二进制数规范化为 1.xxxxxxxx×2^E 的形式，最后按标准进行编码存储。

按照国际标准 IEEE754 的规定，一个32 位二进制浮点数的存储格式如图 2-2 所示。

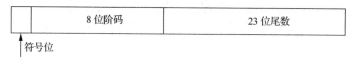

图2-2　32位浮点数的存储格式

第一段为符号段，占1位。其中1表示负数，0表示正数。

第二段为阶码段，占8位，其值为规范化形式 1.xxxxxxxx×2^E 中的指数 E 加上127，表示范围为–128～127。其中用–128 和–127 表示特殊的浮点数。

第三段为尾数段，占 23 位，实际可存储 24 位尾数。因为规范化的尾数的第一个数位必定为 1（特殊数 0 除外），为了节省存储位数，尾数部分只存 1 后的 23 位。

C 语言提供了 3 种用于表示实数的实型类型：单精度型、双精度型和长双精度型。其中有效位是指数据在计算机中存储和输出时能够精确表示的数字位数，如表 2-4 所示。

表 2-4 不同类型的实型数据

实型类型	类型名	存储字节数	取值范围	有效位
单精度型	float	4 字节	$-3.4\times10^{38}\sim3.4\times10^{38}$	6～7
双精度型	double	8 字节	$-1.7\times10^{308}\sim1.7\times10^{308}$	15～16
长双精度型	long double	16 字节	$-1.2\times10^{-4932}\sim1.2\times10^{4932}$	18～19

2.2 常量和变量

2.2.1 常量

在程序运行过程中，其值不能被改变的量称为常量。常量分为直接常量和符号常量。以数据的原始形态出现的常量称为直接常量，当我们用一个标识符来代表某个直接常量时，这个标识符称为符号常量。

1．直接常量

（1）整型常量

整型常量即数学中的整数，C 语言中的合法整型常量的值不应超过表 2-3 所示的取值范围。C 语言语法规定，整型常量有十进制、八进制和十六进制 3 种表现形式。

① 十进制整型常量

十进制整型常量由正号、负号和阿拉伯数字 0～9 组成，但首位数字不能是 0。

如：123、24、–5。

② 八进制整型常量

八进制整型常量由正号、负号和阿拉伯数字 0～7 组成，首位数字必须是 0。

如：–053、0251、06。

③ 十六进制整型常量

十六进制整型常量由正号、负号和阿拉伯数字 0～9、英文字符 a～f 或 A～F 组成，首位数字前必须有前缀 0x 或 0X。

如：0x1af、–0x1af、0X1af。

一个整型常量也可以在它尾部加一个后缀来标志它具体子类型，后缀为 l 或 L 表示其为 long 型常量，如 123L、053L；后缀为 u 或 U 表示 unsigned 型常量，如 24u、06U、0x1afU 等；后缀为 lu 或 LU 表示 unsigned long 型常量，如 4294967295LU。

（2）实型常量

实型常量即数学中的实数，实型常量都为双精度类型。C 语言语法规定，实型常量有十进制小数形式和指数形式两种表现形式。

① 十进制小数形式

十进制小数形式由正号、负号、阿拉伯数字 0～9 和小数点组成，必须有小数点，并且小数点的前、后至少一边有数字。

如：–3.14、0.、.34。

② 指数形式

指数形式由正号、负号、数字和字母 e 或 E 组成，e 或 E 是指数的标志，在 e 或 E 之前要有数据，之后的指数只能是整数。

如：2.5E-6、67e2、-5e-3。

（3）字符型常量

字符型常量是指 ASCII 表中的单个字符。C 语言语法规定，字符型常量有如下两种表现形式。

① 单引号引起来的单个字符。

如：'1'、'a'、'?'。

② 单引号引起来的以反斜杠开头的转义字符。

ASCII 表中所有字符（包括可以显示的、不可显示的）均可以使用字符的转义表示法表示。转义表示格式：'\ddd'或'\xhh'（其中 ddd 和 hh 是字符的 ASCII 值，ddd 为一个八进制数，hh 为一个十六进制数）。C 语言还规定了部分由反斜杠和一个单个字符组成的代表特定控制功能的转义字符。表 2-5 列出了常用转义字符的功能及格式。

表 2-5　转义字符

字符形式	含义
\n	换行
\t	横向跳格（Tab）
\v	竖向跳格
\b	退格
\r	回车
\\	反斜杠
\'	单引号
\"	双引号
\xhh	1 到 2 位十六进制 ASCII 值所代表的字符
\ddd	1 到 3 位八进制 ASCII 值所代表的字符

（4）字符串常量

字符串常量指用双引号引起来的零个、一个或多个字符序列。如"a"、"abc"、"1"。编译程序自动地在每一个字符串常量末尾添加字符串结束标志'\0'，因此，所需要的存储空间比双引号中出现的字符个数多一个字节。转义字符也可以出现在字符串常量当中，如字符串常量"A\102C"等价于字符串常量"ABC"。注意，此双引号为英文双引号。

2．符号常量

编写代码时常用一个标识符来代替一个常量，这个标识符就被称为符号常量。符号常量常借助于预处理命令 define 来实现。define 命令格式是：

```
#define 标识符 常量
```

例如在进行圆的相关计算时，常常会用到圆周率，为了简化书写的同时使含义明确，我们可以定义一个标识符 PI 来代替圆周率：

```
#define PI 3.1415926
```

在定义符号常量时，应注意以下几点。

（1）习惯上，符号常量用全大写字母表示，方便与通常以小写字母命名的变量名相区分。

（2）一个#define 命令占一行，且要从第一列开始书写。

（3）末尾不要加分号。

2.2.2　变量

在程序运行过程中，其值可以改变的量称为变量。所有变量都必须先定义后使用。定义变量时需要确定变量的名字和数据类型。系统会根据每个变量的数据类型为其分配相应大小的内存空间，变量本质上是一块内存区域。

1．变量的定义

（1）语法格式

<数据类型名>　<变量名> {,<变量名> };

其中用 "{ }" 括起来的内容可以重复零次或多次。

例如：

```
short a,b,c;
char c1,c2;
long x;
```

（2）说明

① 变量名必须是一个合法的 C 语言标识符，尽量遵循 "见名知义" 的原则。

变量名中的英文字母通常使用小写字母，近年来随着软件规模越来越庞大，程序中的变量名数量也变得越来越庞大，为提高程序代码的可读性，程序员们在实际工作经验中总结出了许多实用的命名方法，如匈牙利命名法、骆驼命名法等。

② 数据类型的选择应根据变量的数学含义及其值的大小范围来确定。

2．变量的使用

定义变量后，我们就可以使用它了。在程序中使用变量，本质上就是使用该变量所代表的存储单元。我们可以对其进行写或者读，即赋值和引用。

例如：

```
int a,b,y;                /*定义整型变量a、b和y */
scanf("%d%d",&a,&b);      /*通过输入函数让a和b获得动态赋值 */
y=a+b;                    /*引用a和b的值进行加法运算，并赋值给y */
```

3．变量的初始化

如果希望系统为变量分配内存空间的同时，让该变量具有一个明确的初值，可以在定义变量时对其进行初始化。于是，变量定义的语法规定可扩展为：

<数据类型名>　<变量名>[=常量]{,<变量名>[=常量] };

其中方括号括起来的部分为可选语法成分。

例如：

```
int age=18;               /*定义整型变量age，并初始化为18*/
```

2.3　运算符与表达式

C 语言把除了控制语句和输入/输出以外的绝大多数基本操作都作为运算符处理。C 语言运算符种类丰富，功能强大。除了通常的程序设计语言提供的算术、关系及逻辑等运算符以外，还有一些完成特殊任务的运算符。

C 语言运算符按运算对象（操作数）个数可分为单目运算、双目运算和三目运算。

C 语言运算符按照功能则可以大体划分为如下几类：

（1）算术运算符：+、-、*、/、%、++、--。

（2）关系运算符：<、>、==、>=、<=、!=。

（3）逻辑运算符：!、&&、||。

（4）赋值运算符：=、+=、-=、*=、/=、%=、&=、^=、|=、<<=、>>=。

（5）位运算符：<<、>>、～、|、∧、&。

（6）其他运算符：?:、&、sizeof、.、→、[]、()、（类型名）。

表达式就是用运算符将运算对象连接而成的符合C语言规则的算式。其中，常量、变量、函数调用是最简单的表达式。

2.3.1　运算符优先级及结合性

C语言中的运算符如同数学运算符一样，也具有优先级和结合性（见附录）。当多种运算符出现在同一表达式中时，表达式计算顺序需要依据各运算符的优先级和结合性。

优先级是用来标识运算符在表达式中的运算顺序的，在求解表达式的值的时候，总是先按运算符的优先次序由高到低进行操作。最常用的运算符的优先级需要掌握清楚，由高到低为：

单目运算符 > 算术运算符 > 关系运算符 > 逻辑运算符 > 条件运算符 > 赋值运算符 > 逗号运算符

其中，自增、自减、逻辑非等运算符划归单目运算类符。

当一个运算对象两侧的运算符优先级别相同时，则按运算符的结合性来确定表达式的运算顺序。结合性是针对同一优先级的多个运算符而言的，它是指同一个表达式中相同优先级的多个运算应遵循的运算顺序。同级运算符相遇，从左向右运算称为左结合，反之则称为右结合。C语言中，单目运算符、条件运算符和赋值运算符的结合性为右结合，其余均为左结合。

2.3.2　算术运算符及算术表达式

1．算术运算符

算术运算符包括：+（双目运算为加法运算，单目运算为正值运算，即正号）、-（双目运算为减法运算，单目运算为负值运算，即负号）、*（乘法运算符）、/（除法运算符）、%（求余运算符）、++（自增运算符）、--（自减运算符）。

说明如下。

（1）除法运算中，如果两个操作数都为整型，则为整除，计算结果为整型；如果两个操作数中有一个是实型，则计算结果为double类型。如：

5/2，计算结果为2；

5.0/2，计算结果为2.5。

（2）C语言规定，求余运算的两个操作数必须都为整型，计算结果为两数相除的余数，其类型也为整型，其符号与左操作数相同。如：

5%3，计算结果为2；

-5%3，计算结果为-2；

5%-3，计算结果为2；

-5%-3，计算结果为-2。

2．自增运算和自减运算

自增（自减）运算符为单目运算符，其操作数为一个变量。操作符在前，称为前自增（前自减），反之则称为后自增（后自减）。

前自增（前自减）运算过程为：先让操作数变量的内存值增（减）1，然后取其内存值作为当前自增（自减）运算表达式的值。

后自增（后自减）运算过程为：先取操作数变量的内存值作为当前自增（自减）运算表达式的值，然后让操作数变量的内存值增（减）1。

【例 2.1】 自增、自减运算示例。

程序如下：

```
1    #include<stdio.h>
2    int main()
3    {
4        int i=6;
5        printf("%d\n", ++i);
6        printf("%d\n", i);
7        printf("%d\n", i++);
8        printf("%d\n", i);
9        printf("%d\n", --i);
10       printf("%d\n", i);
11       printf("%d\n", i--);
12       printf("%d\n", i);
13       return 0;
14   }
```

程序运行结果：

```
7
7
7
8
7
7
6
```

程序分析如下。

（1）第 4 行定义了整型变量 i，并初始化为 6，因此变量 i 的内存值为 6。

（2）第 5 行输出表达式 ++i 的值，此为前自增运算表达式，因此计算过程为：先让 i 的内存值增 1（i 的内存值变为 7），然后取 i 的内存值为当前表达式的值（此时为 7）。

（3）第 6 行输出变量 i 的值，以验证上一行的执行结果，此时 i 的内存值为 7。

（4）第 7 行输出表达式 i++ 的值，此为后自增运算表达式，因此计算过程为：先取 i 的内存值为当前表达式的值（此时 i 的内存值为 7），所以屏幕输出结果第 3 行为 7；然后让 i 的内存值增 1（i 的内存值变为 8）。

（5）第 8 行输出变量 i 的值，以验证上一行的执行结果，此时 i 的内存值为 8，所以屏幕输出结果第 4 行为 8。

（6）第 9～12 行验证了自减运算的执行过程。

3．算术运算的优先级和结合性

自增自减、正值、负值运算作为单目运算，优先级较高，高于乘、除、求余运算（此三者同级），乘、除、求余运算高于加、减运算（此二者同级）。

单目运算的结合性为右结合，乘、除、求余、加、减运算的结合性为左结合。

4．算术运算表达式

用算术运算符将运算对象连接起来的符合 C 语言语法规则的式子称为算术表达式，运算对象包括常量、变量和函数调用等表达式。如：3.14*r*r、-i++、abs(i)/x。

2.3.3　关系运算符及关系表达式

1．关系运算符

关系运算符包括：>（大于运算符）、>=（大于等于运算符）、<（小于运算符）、<=（小于

等于运算符）、==（等于运算符）、!=（不等于运算符）。

2．关系运算的优先级和结合性

关系运算的优先级低于算术运算。

大于、大于等于、小于、小于等于四个运算符优先级相同，等于和不等于两个运算符优先级相同。前四个运算符的优先级高于后两个运算符。

关系运算符的结合性均为左结合。

3．关系表达式

用关系运算符将两个表达式连接起来的式子称为关系表达式。作为操作数的两个子表达式可以是算术表达式、关系表达式、逻辑表达式、赋值表达式或字符表达式。也可以用关系运算符对两个同类型的指针值进行比较，指针的比较我们将会在后面的章节详细介绍。

关系运算的结果只有两种情况，当指定关系成立时，表达式值为"真"，即为整型值 1；当指定关系不成立时，表达式值为"假"，即为整型值 0。

【例 2.2】 关系运算示例。

程序如下：

```
1    #include<stdio.h>
2    int main()
3    {
4       int i=6,j=7,k=8;
5       printf("%d\n", i<j);
6       printf("%d\n", i+k>=2*j);
7       printf("%d\n", k>j>i);
8       printf("%d\n", 1==j>=i);
9    return 0;
10   }
```

程序运行结果：

```
1
1
0
1
```

程序分析如下。

（1）第5行，输出表达式 i<j 的值。由于 i 的内存值为6，j 的内存值为7，因此两者小于关系成立，表达式值为"真"，即为整型值1。

（2）第6行，输出表达式 i+k>=2*j 的值。注意此时表达式中出现了算术运算符和关系运算符，由于算术运算符的优先级高于关系运算符，所以此表达式等价于(i+k)>=(2*j)。因此，应先计算出子表达式 i+k 和 2*j 的值，分别为14和14，大于等于关系成立，表达式值为"真"，即为整型值1。

（3）第 7 行，输出表达式 k>j>i 的值。注意此时表达式中出现了两个紧邻的大于运算，而关系运算的结合性为左结合，因此该表达式等价于(k>j)>i。因为 k 的内存值为 8，j 的内存值为 7，所以子表达式 k>j 的值为"真"，即为整型值 1；接着与 i 进行大于运算，而 i 的内存值为 6，所以大于关系不成立，运算结果为"假"，即为整型值 0。

（4）第 8 行，输出表达式 1==j>=i 的值。由于等于运算的优先级低于大于等于运算，所以此表达式等价于 1==（j>=i）。子表达式 j>=i 的值为"真"，即为1；接着与前面的整型常量 1 做等于运算，结果为"真"，即为整型值1。

2.3.4　逻辑运算符及逻辑表达式

1．逻辑运算符

逻辑运算符包括：!（逻辑非运算符）、&&（逻辑与运算符）、||（逻辑或运算符）。

2．逻辑运算的优先级和结合性

!（逻辑非）为单目运算，优先级为第 2 级；结合性为右结合。

&&（逻辑与）优先级高于 ‖（逻辑或）；结合性为左结合。

&&和 ‖ 优先级低于关系运算符。

3．逻辑表达式

由逻辑运算符将表达式连接形成的式子称为逻辑表达式。逻辑运算的结果也只有两种情况，"真"或者"假"。当表达式值为"真"时，即为整型值 1；当表达式值为"假"时，即为整型值 0。

逻辑运算的操作数可以是各种类型的表达式，当参加逻辑运算的子表达式值不为 0（"非 0"）时，我们把它看成逻辑"真"；当参加逻辑运算的子表达式值为 0 时，我们把它看成逻辑"假"。

逻辑运算真值表如表 2-6 所示。

表 2-6　逻辑运算真值表

a	b	a&&b	a‖b	!a	!b
假	假	假	假	真	真
假	真	假	真	真	假
真	假	假	真	假	真
真	真	真	真	假	假

> **注意**
>
> 　　C 语言编译时所采用的优化策略使得在逻辑表达式的运算过程中并不是所有的运算都会被执行到。例如，假设 a 和 b 为两个子表达式，则在逻辑表达式 a&&b 的计算过程中，当 a 的值为"真"时，b 才会被执行；当 a 的值为"假"时，表达式 a&&b 的值一定为"假"，b 被略过不执行。同理，在逻辑表达式 a‖b 的计算过程中，当 a 的值为"假"时，b 才会被执行；当 a 的值为"真"时，表达式 a‖b 的值一定为"真"，b 被略过不执行。

【例 2.3】 逻辑运算示例。

程序如下：

```
1    #include<stdio.h>
2    int main()
3    {
4        int a=1,b=3,c;
5        c = a-- || b++;
6        printf("%d,%d,%d\n", a,b,c);
7        c = a++ && b++;
8        printf("%d,%d,%d\n", a, b, c);
9        return 0;
10   }
```

程序运行结果：

```
0,3,1
1,3,0
```

程序分析如下。

（1）根据优先级顺序，第 5 行中的表达式可等价于 c =((a--) || (b++))，即将表达式(a--) || (b++)
的值赋给变量 c。表达式(a--) || (b++)为逻辑或运算表达式，先计算左操作数（a--），根据后自减
运算符的计算规则，先取 a 的内存值作为表达式 a--的表达式值，即为 1，然后让变量 a 的内存值
减 1，a 的内存值会变为 0；对于表达式(a--) || (b++)中的逻辑或运算符，由于此时左操作数（a--）
的值为真（非 0 为真），则表达式(a--) || (b++)的值确定为真（即为 1），不计算右操作数（b++），
所以变量 b 的值保持为 3 不变；最后，将表达式(a--) || (b++)的值 1 赋给变量 c，变量 c 的值变为 1。

（2）同理，第 7 行中的表达式可等价于 c =((a++)&&(b++))。在表达式(a++)&&(b++)中，由于
左操作数 a++的计算过程为：先取 a 的内存值 0 为表达式 a++的值，然后让变量 a 的内存值增 1，
a 的内存值变为 1；对表达式(a++)&&(b++)中的逻辑与运算符，由于此时左操作数（a++）的值为
假（0 为假），则(a++)&&(b++)的值确定为假（即为 0），不计算右操作数（b++），所以变量 b
的值保持为 3 不变；最后，将表达式(a++)&&(b++)的值 0 赋给变量 c，变量 c 的值变为 0。

2.3.5　赋值运算符及赋值表达式

1．赋值运算符

赋值运算符由 1 个简单赋值运算符（＝）和 10 个复合赋值运算符（+=、-=、*=、/=、%=、
<<=、>>=、&=、^=、|=）组成。

2．赋值运算的优先级和结合性

所有赋值运算符的优先级相同，处于 15 个优先级当中的第 14 级（倒数第二级），仅高于逗
号运算符。

结合性为右结合。

3．赋值表达式

由赋值运算符将一个变量与一个表达式连接起来的式子称为赋值表达式。其一般形式为：

<变量> <赋值运算符> <表达式>

赋值表达式的功能为：将右侧子表达式的值赋给左侧变量，即用右侧子表达式的值去改写左
侧变量的内存值；然后取该变量的内存值作为整个赋值表达式的最终表达式值。

一个复合赋值运算符是由一个二元运算符和基本赋值运算符组合而成的，功能上也包括了两
个运算符功能的组合。例如：

```
a+=3          /*等价于 a=a+3*/
a*=a+=a       /*等价于 a=(a*(a=(a+a)))*/
a*=b+2        /*等价于 a=(a*(b+2))*/
```

> **说明**
>
> 　　如果赋值运算符两侧的类型不一致，但都是数值型或字符型，在赋值时要进行类型
> 转换，类型转换规则是把赋值运算符右边表达式值转换成左边变量的类型，详细规则我
> 们将在 2.4.2 小节中加以说明。

2.3.6　位运算符

程序运行时，所有数在计算机内存中都是以二进制的形式存储的。位运算就是直接对整数在
内存中的二进制位进行操作，因此位运算的运算对象只能是整型或字符型的数据。利用位运算可
以实现许多汇编语言才能实现的功能。

1．位运算符

&（按位与运算符）运算规则：对应两个二进制位都为 1 时，结果才为 1。

| （按位或运算符）运算规则：对应两个二进制位都为 0 时，结果才为 0。

^（按位异或运算符）运算规则：对应两个二进制位相同为 0，相异为 1。

~（按位取反运算符）运算规则：对应二进制位 0 变 1，1 变 0。

<<（左移运算符）运算规则：各二进位全部左移若干位，高位丢弃，低位补 0。

>>（右移运算符）运算规则：各二进位全部右移若干位，对无符号数，高位补 0，有符号数，各编译器处理方法不一样，有的补符号位（算术右移），有的补 0（逻辑右移）。

例：计算以下表达式的值（以 8 位编码为例）。

（1）~3

由于 3 的补码为 00000011，表达式 ~3 的计算过程即为：将 3 的补码的每一个二进制位 0 变 1，1 变 0。表达式值为 11111100，将它转换十进制有符号数，即为 -4。因此，表达式 ~3 的值为 -4。

（2）3&5

由于 3 的补码为 00000011，5 的补码为 00000101，因此，该表达式的计算过程如下：

```
      00000011
&     00000101
      00000001
```

所以，表达式 3&5 的值为 1。

（3）3^5

该表达式的计算过程如下：

```
      00000011
^     00000101
      00000110
```

所以，表达式 3^5 的值为 6。

（4）3|5

该表达式的计算过程如下：

```
      00000011
|     00000101
      00000111
```

所以，表达式 3|5 的值为 7。

（5）5<<2

该表达式的计算过程为：将 5 的二进制补码 00000101 左移两位，高位丢弃两位，低位补两个 0，得到结果：00010100。所以，表达式 5<<2 的值为 20。

（6）5>>2

该表达式的计算过程为：将 5 的二进制补码 00000101 右移两位，低位丢弃两位，高位补两个 0（假设采用算术右移），得到结果 00000001。所以，表达式 5>>2 的值为 1。

> **注意**
>
> 对于左移、右移运算符，第二操作数（右操作数）只能为正数，且不能超过机器字所表示的二进制位数（即字长）。在数据可表达的范围内，一般左移 n 位相当于乘以 2^n，右移 n 位相当于除以 2^n。

2．位运算的优先级和结合性

按位取反运算符（~）是一个单目运算，所以它的优先级为第 2 级，高于算术运算（*、/、

%、+、-）。结合性为右结合。

左移运算符（<<）和右移运算符（>>）两者优先级相同，低于算术运算（*、/、%、+、-），高于关系运算。结合性为左结合。

按位与运算符（&）优先级高于按位异或运算符（^），按位异或运算符（^）优先级高于按位或运算符（|）。这 3 个运算的优先级都低于关系运算，高于逻辑运算（&&、||）。结合性为左结合。

2.3.7　其他运算符

1．条件运算符

条件运算符"?:"是 C 语言中唯一的一个三目运算符，它要求有 3 个操作数对象，其结合性为右结合。

由条件运算符构成的条件表达式的形式为：

<表达式 1>?<表达式 2>:<表达式 3>

条件表达式的运算过程如下：先计算表达式 1 的值，若为非 0，则计算出表达式 2 的值作为整个条件表达式的值；若为 0，则计算出表达式 3 的值作为整个条件表达式的值。

例如：

```
max=(a>b)?a:b        /*将 a 和 b 二者中较大的一个赋给 max*/
min=(a<b)?a:b        /*将 a 和 b 二者中较小的一个赋给 min*/
```

2．逗号运算符

在 C 语言程序中，用逗号将两个或多个表达式连接起来就形成了一个逗号表达式。

逗号表达式的一般语法形式为：

<表达式 1>,<表达式 2>, … ,<表达式 n>

逗号表达式求值过程是先求表达式 1 值，再求表达式 2 值，依次下去，最后求表达式 n 值，表达式 n 的值作为整个逗号表达式的值。

例如：

```
3+2,8-4          /*逗号表达式值为 4*/
a=3*5,a*2        /*变量 a 的值变为 15，逗号表达式的值为 30*/
a=(a=3,a*4)      /*变量 a 的值变为 12*/
```

逗号表达式的优先级别最低，为第 15 级。结合性为左结合。

3．求长度运算符

sizeof 是一个判断数据类型或者表达式长度的运算符，语法形式为以下两种：

```
sizeof (类型说明符)
sizeof 表达式
```

例如，设

```
short a;float b;
```

则有

```
sizeof a          /*值为 2*/
sizeof b          /*值为 4*/
sizeof(double)    /*值为 8*/
```

4．特殊运算符

在 C 语言中，还有一些比较特殊的、具有专门用途的运算符，如下所示。

（1）"()"：用来改变运算顺序。

（2）"[]"：下标，用来表示数组元素，详见第 6 章。

（3）"*"和"&"：用来表示指针运算，详见第 8 章。

（4）"–>"和"."：用来表示结构分量，详见第 9 章。

2.4　数据类型转换

2.4.1　自动转换

在 C 语言中，整型（包括 int、short、long 等）和实型（包括 float、double 等）数据可以混合运算，另外字符型数据和整型数据可以通用，因此，整型、实型、字符型数据之间可以混合运算。此时，不同类型的数据先转换成同一类型，然后进行计算，这个转换过程由编译系统自动完成，所以也称为隐式转换。

数据类型自动转换规则如图 2-3 所示。

说明如下。

（1）类型不同，先转换为同一类型，然后进行运算。

（2）图中纵向的箭头表示当运算对象为不同类型时转换的方向。可以看到箭头由低级别数据类型指向高级别数据类型，即数据总是由低级别向高级别转换。即按数据长度增加的方向进行，保证精度不降低。

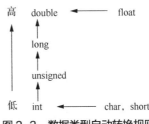

图 2-3　数据类型自动转换规则

（3）图中横向向左的箭头表示必定的转换（不必考虑其他运算对象）。如字符数据参与运算必定转化为整数，float 型数据在运算时一律先转换为双精度型，以提高运算精度（即使是两个 float 型数据相加，也先转换为 double 型再相加）。

例如，设有定义

```
float f=3.5;int i=2;
```

有表达式

```
f+'A' *i
```

该表达式计算过程为：从左到右扫描，因为加法的优先级低于乘法，所以先做乘法运算；此时乘法运算符的左操作数为字符型常量'A'，故先将'A'转换为整数 65，再与整型变量 i 进行乘法运算，结果为整型值 130；接着，再进行加法运算，此时加法运算符左操作数为 float 类型，右操作数为 int 类型，需要先将两者均转换为 double 类型，再进行加法运算，所以结果为 double 类型值133.5。

2.4.2　赋值转换

进行赋值运算时，如果赋值运算符两侧操作数的数据类型不同，会将右侧表达式值转换为左侧变量的类型，再赋给左侧变量。主要分为以下几种情况。

（1）实型表达式赋值给整型（或字符型）变量：只取整数部分，去掉小数部分，不进行四舍五入。

（2）整型（或字符型）表达式赋值给实型变量：数值不变，但以实数形式存储到变量中，在小数点后以 0 补足有效位。

（3）char、int、short、long、unsigned 类型之间互相赋值：设赋值运算符左侧变量存储长度为 a 位（二进制位），右侧表达式存储长度为 b 位（二进制位）。则：

① a 等于 b 时，右侧表达式值的二进制编码原样赋值至左侧变量的内存空间之中；

② a 大于 b 时，右侧表达式值的二进制编码放入左侧变量的低位空间，若此变量为无符号型，

则高位补 0，否则进行符号扩展（若符号位为 1，则全部补 1，否则全部补 0）。

例如，假设有以下程序段：

```
int i;
char c;
c='A';
```

则表达式 i=c 的计算过程如图 2-4 所示。

③ a 小于 b 时，将右侧表达式值的二进制编码的低 a 位存入左侧变量的内存空间，高 b-a 位丢弃。

例如，假设有以下程序段：

```
int i;
char c;
i=321;
```

则表达式 c=i 的计算过程如图 2-5 所示。

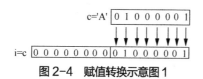

图 2-4 赋值转换示意图 1

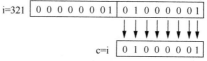

图 2-5 赋值转换示意图 2

2.4.3 强制转换

强制转换是通过类型转换运算来实现的。一般语法形式为：

（类型说明符）<表达式>

功能：把表达式的结果强制转换为类型说明符所表示的类型。

强制类型转换符是一种运算符，它属于单目运算，优先级较高，处于第 2 级。结合性为右结合。

> **注意**
>
> 强制类型转换运算操作数为一个变量时，不改变该变量本身的类型及其内存值。

例如：

```
(float)5/2        /*表达式值为2.5*/
```

表达式执行过程为：由于强制类型转换运算符优先级高于除法运算，所以先进行强制类型转换运算，将整型值 5 转换为 float 类型值 5.0，再与整型常量 2 进行除法运算，此时根据自动转换规则先将除法运算符左操作数 5.0（float 类型）和右操作数 2（int 类型）转换为 double 类型，再进行除法运算，结果为 2.5（double 类型）。

```
(float)(5/2)      /*表达式值为2.0*/
```

表达式执行过程为：因为括号优先，所以先进行括号内的除法运算，此时，除法运算符的左右操作数均为整型常量，所以进行整除，结果为 2；再进行强制类型转换，最终结果为 2.0（float 类型）。

本章小结

1. 本章知识点

（1）C 语言基本数据类型，各种基本数据类型常量的语法规定形式。

① 整型常量。

② 实型常量。

③ 字符型常量。

④ 字符串常量。

（2）变量类型，变量的定义与初始化。

① 整型（int、short、long、unsigned）。

② 实型（float、double、long double）。

③ 字符型（char）。

（3）各种运算符的语法规定、功能、计算规则。

（4）运算符优先级及结合性的含义和具体规定。

常用运算符的优先级由高到低为：

单目运算符>算术运算符>关系运算符>逻辑运算符>条件运算符>赋值运算符>逗号运算符

（5）数据类型转换的 3 种方式。

① 自动转换。

② 赋值转换。

③ 强制转换。

2. 重难点

（1）各种运算符的语法规定，优先级顺序的规律，结合性的定义。

（2）自增、自减运算的运算规则，其表达式值和变量内存值之间的关系，前自增（前自减）与后自增（后自减）的差别。如前自增运算是先让变量的内存值增 1，再取变量的内存值作为前自增表达式的值；后自增运算是先取变量的内存值作为表达式的值，再让变量的内存值增 1。

（3）逻辑与和逻辑或运算执行过程的特殊之处。例如逻辑与运算是先计算左操作数的值，若为真，则继续计算右操作数的值；若为假，则忽略右操作数不对其进行计算。

（4）强制类型转换运算操作数为一个变量时，不改变该变量本身的类型及其内存值。

习题 2

班级＿＿＿＿＿＿＿＿　　姓名＿＿＿＿＿＿＿＿　　学号＿＿＿＿＿＿＿＿

一、选择题

1. 设整型变量 n=10,i=4，则赋值运算 n%=i+1 执行后，n 的值是（　　　）。

　　A. 0　　　　　　　　B. 1　　　　　　　　C. 2　　　　　　　　D. 3

2. 设以下变量均为 int 类型，则值不等于 7 的表达式是（　　　）。

　　A. (x= y= 6, x+y,x+1)　　　　　　　　B. (x= y= 6,x+y,y+1)

　　C. (x= 6,x+1,y= 6,x+y)　　　　　　　D. (y=6,y+1,x = y,x+1)

3. 能正确表示"当 x 的取值在[1，10]和[66，80]范围内为真，否则为假"的表达式是（　　　）。

　　A. (x>=1)&&(x<=10)&&(x>=66)&&(x<=80)　　B. (x>=1) ‖ (x<=10) ‖ (x>=66) ‖ (x<=80)

　　C. (x>=1)&&(x<=10) ‖ (x>=66)&&(x<=80)　　D. (x>=1) ‖ (x<=10)&&(x>=66) ‖ (x<=80)

4. 设有说明语句：char a='\72';，则变量 a（　　　）。

　　A. 存储了 1 个字符　　B. 存储了 2 个字符　　C. 存储了 3 个字符　　D. 说明不合法

5. 当 c 的值不为 0 时，在下列选项中能正确地将 c 的值赋给变量 a、b 的是（　　　）。

　　A. c=b=a;　　　　　　B. (a=c) ‖ (b=c);　　　C. (a=c)&&(b=c);　　　D. a=c=b;

6. 若有以下定义语句 char a; int b; float c; double d;，则表达式 a*b+d–c 值的类型为（　　）。

    A. float   B. int   C. char   D. double

7. C 语言中运算对象必须是整型的运算符是（　　）。

    A. %   B. /   C. =   D. <=

8. 以下各项中，属于 C 语言合法字符常量的是（　　）。

    A. '\084'   B. '\x43'   C. 'ab'   D. "\0"

9. 在下列选项中，语法不正确的语句是（　　）。

    A. ++t;   B. n1=(n2=(n3=0));   C. k=i= =j;   D. a=b+c=1;

10. 表达式 10!=9 的值是（　　）。

    A. true   B. 非零值   C. 0   D. 1

11. 表达式(int)2.1416 的值是（　　）。

    A. 2   B. 2.1   C. 0   D. 3

12. 能正确表示 a 和 b 同时为正或同时为负的逻辑表达式是（　　）。

    A. (a>=0 ‖ b>=0)&&(a<0 ‖ b<0)   B. (a>=0&&b>=0)&&(a<0&&b<0)

    C. (a+b>0)&&(a+b<=0)   D. a*b>0

13. 在以下运算符中，优先级最高的运算符是（　　）。

    A. !=   B. =   C. %   D. &&

14. 假定 w、x、y、z、m 均为 int 型变量，有如下程序段：

```
w=1; x=2;
y=3; z=4;
m=(w<x) ?w: x;
m=(m<y) ?m: y;
m=(m<z) ?m: z;
```

则运行后，m 的值是（　　）。

    A. 4   B. 3   C. 2   D. 1

15. 假定 x 和 y 为 double 型，则表达式 x=2,y=x+3/2 的值是（　　）。

    A. 3.500000   B. 3   C. 2.000000   D. 3.000000

16. 若有条件表达式(exp)?a++:b– –，则下面各项中能完全等价于表达式(exp)的是（　　）。

    A. ((exp)= =0)   B. ((exp)!=0)   C. ((exp)= =1)   D. ((exp)!=1)

17. 假设在程序中 a、b、c 均被定义成整型，并且已被赋予大于 1 的值，则下列能正确表示代数式 $\frac{1}{abc}$ 的 C 语言表达式是（　　）。

    A. 1/a * b * c   B. 1/(a * b * c)   C. 1/a/b(float)c   D. 1.0/a/b/c

18. 若希望当 A 的值为奇数时，表达式的值为"真"，当 A 的值为偶数时，表达式的值为"假"，则下面不能满足要求的表达式是（　　）。

    A. A%2!=0   B. !(A%2= =0)   C. !(A%2)   D. A%2

19. 设 c 为字符型变量，以下表达式中错误的是（　　）。

    A. c='Y'   B. c='\\'   C. c='\x23'   D. c='\118'

20. 设有定义语句：char c1=92,c2=92;，则以下表达式中值为零的是（　　）。

    A. c1^c2   B. c1&c2   C. ～c2   D. c1|c2

二、判断题

1. C 语言在判断一个整型量是否为真时，规定 1 为"真"，否则为"假"。（　　）

2. 定义一个值为 3.14159 的符号常量 PI 的正确形式是"define PI 3.14159"。（　　）

3. 逻辑运算表达式的运算结果为 1 或者 0。（　　）

4. 运算符*=的运算优先级高于运算符+=。（　　　）

5. C 语言中的 double 类型数据在其数值范围内可以表示任何实数。（　　　）

6. C 语言中的 long 类型数据可以表示任何整数。（　　　）

7. 在程序的运行过程中，符号常量的值是可以改变的。（　　　）

8. 变量必须先定义后使用。（　　　）

9. 若有整型变量 i，执行语句(float)i;之后，变量 i 的类型变为 float 类型。（　　　）

10. 位运算的操作数可以是字符型、整型和实型值。（　　　）

三、填空题

1. 能正确表示逻辑关系 0≤a≤10 的 C 语言表达式是＿＿＿＿＿＿＿＿＿＿。

2. 若整型变量 a、b、c、d 的值依次为：1、4、3、2，则条件表达式 d=a＜b？a：c 的值为＿＿＿＿。

3. 若有定义 int i,a;，则执行语句 i=(a=2*3,a*5),a+6;后，变量 a 的值是＿＿＿＿＿。

4. 设 a、b、c、d、m、n 均为 int 型变量，且 a=5、b=6、c=7、d=8、m=2、n=2，则逻辑表达式 (m=a>b)&&(n=c>d) 运算后，n 的值为＿＿＿＿。

5. 若有定义语句 int c=28,d=7;，则表达式 c ‖ d&&(c-4*d)的值为＿＿＿＿。

6. 逗号表达式 "a=3,b=10,b%=a+b,c=a+b" 的值是＿＿＿＿。

7. 若有以下程序段：

```
int c1=1,c2=2,c3;
c3=1.0/c2*c1;
```

则该程序段执行之后，c3 的值是＿＿＿＿。

8. 已知：char a;int b;float c;double d;，执行语句 c=a+b+c+d;后，变量 c 的数据类型是＿＿＿＿。

9. 若有定义语句 float x=2.5;，则表达式(int) x+x 的值为＿＿＿＿。

10. 若有定义语句 int a=2; ，则表达式 a+=a*=a 运算后，a 的值为＿＿＿＿。

第 3 章
顺序结构程序设计

本章导读

我们要想编写出 C 语言程序，还需要：

（1）有正确的解题思路，学会程序的"灵魂"，即算法的设计；

（2）能采用自顶向下、逐步求精、模块化、结构化的程序设计方法设计算法；

（3）掌握 C 语言的语法，知道如何用 C 语言表示算法，编写一个完整、正确的 C 语言程序。

因此，本章将从算法入手，介绍结构化程序设计思想，介绍 C 语言基本语句与数据的输入和输出，并从简单案例开始，由浅入深地引导读者学会简单 C 语言程序的编写方法。

3.1　程序的"灵魂"——算法

3.1.1　算法概述

在日常生活中，我们做任何事情都需要遵循一定的操作顺序，例如做菜，要"先准备原材料，再按需求清洗摘切，最后制作"，这就是生活中的"算法"。

菜谱记录了做出各色各样美味菜品的方法和步骤。例如制作回锅肉的菜谱，会把制作回锅肉所必需的材料及其用量都标注清楚，并且把烹制的过程、每一步需要的时间等都详细记录下来。如图 3-1 所示，任何人只要完全按照菜谱的方法和步骤去做，就可以烹制出美味的回锅肉。而"算法"就是能让程序员编写出可靠、高效的计算机程序的"菜谱"。

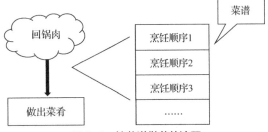

图 3-1　按菜谱做菜的流程

算法是指在有限的时间范围内，为解决某一问题而采取的方法和步骤的准确完整的描述，如图 3-2 所示。也就是说，算法能够对一定规范的输入，在有限时间内获得所要求的输出。对于一个问题，可以有不同的解题方法和步骤。但如果一个算法有缺陷，或不适合于某个问题，执行这个算法将不能解决这个问题。

解决一个问题可以用不同的方法和步骤，因而针对同一问题的算法也有多种。

问题：找出 1～1000 中能被 9 整除的数。

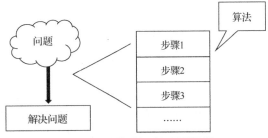

图 3-2　按算法解决问题的流程

算法 1：

① 设 x=9

② 输出 x 的值

③ 将 x 的值加 9

④ 判断 x 的值是否超过 1000，没有超过则回到步骤②，否则算法结束

（共需执行加法 111 次）

算法 2：

① 设 x=1

② x 除以 9，若余数为 0，则 x 能被 9 整除，输出 x 的值

③ 将 x 的值加 1

④ 判断 x 的值是否超过 1000，没有超过则回到步骤②，否则算法结束

（共需执行除法和加法各 1000 次）

算法 3：

① 设 x=1

② 输出 x 乘以 9 的值

③ 将 x 的值加 1

④ 判断 x 乘以 9 的值是否超过 1000，没有超过则回到步骤②，否则算法结束

（共需执行乘法 112 次，加法 111 次）

这三种算法，虽然都可以解决同一问题，但是不难看出，算法 1 执行次数最少，执行时间最

短，因此，我们称算法 1 为解决问题的最优算法。

而不管选用什么程序设计语言，都必须明确地在程序中告诉计算机做什么及如何做。算法独立于任何程序设计语言，同一算法可以用不同的程序设计语言来实现，因此，算法才是根本。

算法 1 用 C 语言实现：

```c
#include <stdio.h>
int main()
{ int x=9;
  while (x<=1000)
  { printf("%d\n",x);
          x=x+9;}
  return 0;
}
```

算法 1 用 Python 语言实现：

```python
x=9
while x<=1000:
        print(x)
        x=x+9
```

3.1.2　算法的描述

描述算法的方法有多种，下面具体介绍自然语言描述、传统流程图描述、N-S 结构化流程图描述。

1．自然语言描述

自然语言就是我们日常使用的各种语言，可以是汉语、英语、日语等，如上例中算法所示。

用自然语言表示算法就是用日常生活中使用的语言来描述算法的步骤。用自然语言描述算法的优点是通俗易懂，当算法中的操作步骤都是顺序执行时比较直观、容易理解。缺点是如果算法中包含了判断结构和循环结构，并且操作步骤较多时，就显得不那么直观清晰了。因此，只有在操作步骤较少的算法中应用自然语言描述才方便简单。

2．传统流程图描述

使用图形表示算法是一种极好的方法，因为千言万语不如一张图。通过特定的图形符号加上说明来表示算法的图称为流程图（Flowchart），它是程序比较直观的一种表示形式。美国国家标准协会（ANSI）规定的常用流程图符号如图 3-3 所示。

| 开始/结束框 | 一般处理框 | 输入/输出框 | 判断框 | 流向线 | 连接符 |

图 3-3　常用流程图符号

传统流程图描述算法的优点是可直接转化为程序，形象直观，各种操作一目了然，不会产生歧义，易于理解和发现算法中存在的错误；缺点是所占篇幅较大，由于使用流向线，使用者可让流程任意转向，影响了算法的可靠性。

3．N-S 结构化流程图描述

N-S 结构化流程图也称为盒图，1972 年，美国学者纳斯（I. Nassi）和施奈德曼（B. Shneiderman）提出了一种在流程图中完全去掉流程线，全部算法写在一个矩形阵内，在框内还可以包含其他框的流程图形式，即由一些基本的框组成一个大的框，这种流程图称为 N-S 结构流程图。N-S 结构流程图取消了流向线，提高了流程图的可靠性。

3.1.3　结构化程序设计方法

1．结构化程序设计概念

结构化程序设计方法是按照模块划分原则以提高程序可读性、易维护性、可调性和可扩充性为目标的一种程序设计方法。在结构化的程序设计中，只允许 3 种基本的程序结构形式，它们是顺序结构、选择结构（分支结构）和循环结构，这 3 种基本结构的共同特点是只允许有一个入口和一个出口，仅由这 3 种基本结构组成的程序称为结构化程序。

2．结构化程序设计的特点

结构化程序设计的主要特点是采用自顶向下、逐步求精、模块化的程序设计方法，即当要解决一个复杂问题时，考虑从总问题开始，把它表达为由很多小问题模块组成的解决方案，再用同样的技术依次解决每一个小问题模块，使最终问题变得非常小，以至于可以很容易解决。最后只需要把每一个被解决的小问题模块组合起来，就可以得到一个复杂问题的解决方案，即得到一个解决复杂问题的程序。

例如，要解决正常洗衣问题，可将其分为注水、洗涤、脱水、停机 4 个小问题；而洗涤又可分为浸泡和搅拌 2 个小问题。这样，一个大的问题，就被逐步分成了若干个小的问题，各个小的问题和解决方案组合起来，就构成了完整的正常洗衣问题的解决流程，如图 3-4 所示。

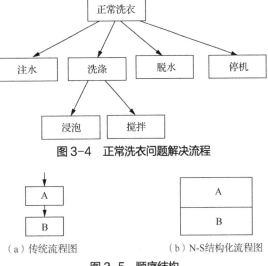

图 3-4　正常洗衣问题解决流程

3．程序的结构

在正常洗衣程序中，每一个更下一层矩形块中的问题均可采用顺序、选择或循环 3 种基本结构实现，即每一个问题模块都可使用顺序、选择、循环 3 种基本控制结构构造程序。以模块化设计为中心，将待开发的软件系统划分为若干个相互独立的模块，这样使完成每一个模块的工作变得单纯而明确，为设计一些较大的软件打下了良好的基础。

图 3-5　顺序结构

（1）顺序结构

顺序结构是最基本、最简单的一种算法结构。在顺序结构中，算法的每一个步骤从上至下按顺序执行，没有执行不到的步骤，也没有反复执行的步骤，每个步骤执行一次，如图 3-5 所示。

（2）选择结构（分支结构）

在日常生活中，我们经常会根据面临的情况进行斟酌判断，做出下一步选择。在程序结构中，选择结构通过判断某些特定条件是否满足来决定下一步的执行流程，这是它非常重要的控制结构，如图 3-6 所示。

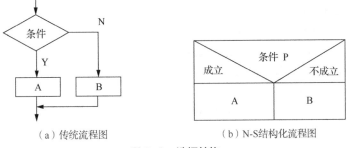

　　（a）传统流程图　　　　　　　　（b）N-S结构化流程图

图 3-6　选择结构

（3）循环结构

循环结构是为了在程序中需要反复执行某个功能而设置的一种程序结构。它通过循环体中的条件判断是继续执行某个功能还是退出循环。

根据判断条件，循环结构又可细分为以下两种形式：先判断后执行的循环结构和先执行后判断的循环结构，如图 3-7 和图 3-8 所示。

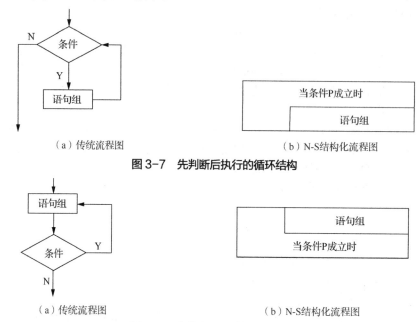

N
条件
Y
语句组
（a）传统流程图
当条件P成立时
语句组
（b）N-S结构化流程图

图 3-7　先判断后执行的循环结构

语句组
条件
Y
N
（a）传统流程图
语句组
当条件P成立时
（b）N-S结构化流程图

图 3-8　先执行后判断的循环结构

3.2　C 语言基本语句

C 语言的执行部分是由语句组成的，程序的功能也是通过执行语句实现的。C 语言的基本语句分为 5 类：表达式语句、函数调用语句、控制语句、复合语句、空语句。

3.2.1　表达式语句

表达式语句是由表达式加上“;”组成的。它的一般形式为：

```
表达式;
```

表达式语句可分为运算符表达式语句和赋值表达式语句，其作用是计算表达式的值或改变变量的值。

（1）运算符表达式语句

```
x+y;            /*加法运算语句，不保留运算结果*/
i++;            /*自增运算语句，使 i 的值加 1*/
--i;            /*自减运算语句，使 i 的值减 1*/
```

（2）赋值表达式语句

```
z=x+y;          /*先计算 x+y 的值，再将值赋给 z*/
x=2;            /*将 x 赋值为 2*/
x=x*sin(x);     /*先计算表达式 x*sin(x)，再将值赋给 x*/
```

3.2.2　函数调用语句

函数调用语句是由函数调用表达式后加上“;”组成的。它的一般形式为：

函数名(参数列表);

C 语言有丰富的标准函数库，可提供各类函数供用户调用（参见附录）。标准库函数可以完成预先设定好的任务，可直接调用，不需要用户再编写程序。

例如：

```
scanf("%d",&a);              /*输入函数调用语句，输入变量 a 的值*/
printf("%d",a);              /*输出函数调用语句，输出变量 a 的值*/
printf("中国是一个伟大的国家");   /*输出函数调用语句，原样输出引号中的字符串*/
```

调用标准库函数时，应注意以下几点。

（1）程序中要包含相应的头文件。例如：

```
#include <stdio.h>           /*文件名可放在尖括号中或双引号中*/
#include "math.h"
```

此处# include 是编译预处理命令，它的作用是将某个已经存在的文件包含到程序中来。如上例所示，包含了头文件"stdio.h"才能调用标准输入/输出函数，包含了头文件"math.h"才能调用数学函数。

（2）调用函数有的是为了得到函数返回值，这类函数的调用出现在表达式中，不作为函数调用语句，而作为表达式语句的一部分。有的并不是为了得到返回值，而是为了完成相应的任务，调用这类函数时可直接用函数调用语句。

① 得到函数返回值

```
y=3*sin(x)+10;
y=cos(2.6);
```

在表达式中调用函数，实际是转而去执行一段预先设计好的程序，求得结果后返回调用点。

② 完成相应任务

```
printf("%6.4f",a);
```

调用 printf 不是为了得到返回值，而是为了完成结果输出的任务。

3.2.3　控制语句

控制语句用于控制程序流程，以实现程序的各种结构方式，C 语言共有 11 个控制语句，分为 3 类，如表 3-1 所示。

表 3-1　C 语言的 11 个控制语句

分类	语句形式	功能	说明
条件判断语句	if()…	条件语句，用于分别实现单/双/多分支选择结构	"( )"表示判断条件；"…"表示内嵌语句
	if()…else…		
	if()…else if()…else…		
	switch()…case…	多分支选择结构	
循环执行语句	while()…	循环语句，用于实现循环结构	
	do…while()		
	for()…		
转向语句	break	改变循环执行状态语句 ——提前终止循环	
	continue	改变循环执行状态语句 ——提前结束本次循环	
	goto	改变循环执行状态语句 ——提前终止多重循环	
	return	从函数返回语句	

例如：

```
if(a>b)
    max=a;
else
    max=b;
```

其中，(a>b)是判定条件，max=a;和 max=b;是内嵌语句。该程序功能是判断 a>b 是否成立，如果成立，则执行语句 max=a;，否则执行语句 max=b;。

3.2.4　复合语句

把多个语句用 "{}" 括起来组成的一个语句称为复合语句。在程序中应把复合语句看作单条语句而不是多条语句。

```
{
    c=a;
    a=b;
    b=c;
}
```

该复合语句完成了变量 a、b 的交换。

注意

（1）复合语句中每条语句都必须以 ";" 结尾，右花括号 "}" 后不能有分号；
（2）允许多条语句写在同一行：如上例也可写为{c=a; a=b; b=c;}。

3.2.5　空语句

空语句用一个分号表示，一般形式为：

```
;
```

空语句占一个简单语句位置，执行该语句不做任何操作。程序中空语句可用来作为空循环体。

3.3　数据的输入和输出

3.3.1　输入和输出的概念及实现

所谓输入/输出是相对计算机主机而言的，从外部输入设备（如键盘、鼠标等）向计算机输入数据称为 "输入"，从计算机向外部输出设备（如显示器、打印机等）输出数据称为 "输出"。

C 语言本身不提供输入/输出语句，输入/输出功能由 C 语言的标准输入/输出（I/O）库函数提供。一方面可以使得 C 语言的内核比较精炼，另一方面也为 C 语言程序具有可移植性打下了基础。C 语言的输入/输出语句就是库函数调用语句。

C 语言有非常丰富的用于输入/输出的库函数，分为用于键盘输入和显示器输出的库函数、用于磁盘文件读写的库函数、用于硬件端口操作的库函数等。本节主要介绍用于键盘输入和显示器输出字符数据及格式数据的输入/输出库函数，其对应头文件为 "stdio.h"。

3.3.2　字符数据的输入/输出

C 语言标准 I/O 函数库提供了 putchar()和 getchar()两个函数来分别实现对于单个字符的输出与输入。

1. 字符输出函数 putchar ()

putchar()是单个字符输出函数，其功能是在标准输出设备上输出单个字符。

其调用的一般形式为：

```
putchar(字符型变量);
```

【例 3.1】 可视字符的输出：用不同形式输出大写字母 A。

程序如下：

```
1    #include <stdio.h>
2    int main()
3    {
4        int A=65;
5        putchar('A');          /*输出大写字母A*/
6        putchar(A);            /*变量A的值为65，输出对应在ASCII中的字符A*/
7        putchar('\x41');       /*x41为十六进制数表示形式*/
8        putchar('\101');       /*101为八进制数表示形式*/
9        return 0;
10   }
```

程序运行结果：

```
AAAA
```

程序分析如下。

（1）第 5 行：输出大写字母 A。

（2）第 6 行：输出变量 A 的值对应在 ASCII 中的字符，变量 A 的值为 65，对应字符正好为 A。

（3）第 7 行：输出十六进制数 41 表示的 ASCII 对应的字符 A。

（4）第 8 行：输出八进制数 101 表示的 ASCII 对应的字符 A。

对于可视字符直接输出，而对控制字符则直接执行控制功能，不在屏幕上显示。

例如：

```
putchar('\n');    /*换行*/
putchar('\a');    /*响铃*/
```

【例 3.2】 输出单个字符。

程序如下：

```
1    #include <stdio.h>
2    int main()
3    {
4        int c;
5        char a;
6        c=98;
7        a='B';
8        putchar(c);
9        putchar('\n');
10       putchar(a);
11       putchar('\n');
12       return 0;
13   }
```

程序运行结果：

```
b
B
```

程序分析如下。

例 3.2 定义了两个变量 c 和 a 分别为整型和字符型，并分别赋初值。

（1）第8行输出整型变量 c 的值 98 对应在 ASCII 中的字符 b。

（2）第10行输出字符型变量 a 的值，即大写字母 B。

（3）第9、11行输出控制字符，实现换行。

2．字符输入函数 getchar()

getchar()是字符输入函数，其功能是从标准化输入设备上输入一个字符。

其调用的一般形式为：

```
getchar ();
```

通常把输入的字符赋给一个字符型变量，构成赋值语句，例如：

```
char a;
a=getchar();
```

【例3.3】接受用户从键盘输入字符，并输出。

程序如下：

```
1    #include <stdio.h>
2    int main()
3    {
4      char a;
5      a=getchar();
6      putchar('a');
7      putchar('=');
8      putchar(a);
9      return 0;
10   }
```

程序运行时输入（✓表示按回车键）：

```
f✓
```

程序运行结果：

```
a=f
```

程序分析如下。

（1）第5行，用 getchar()函数接受用户从键盘输入的字符，并将其赋值给变量 a。

（2）第6、7、8行分别用 putchar()函数实现输出。

使用 getchar()和 putchar()函数还应注意以下几点。

① getchar()函数只接受单个字符，输入多于一个字符时，只接收第一个字符，如例 3.3 输入 65，则输出 a=6。getchar()函数值可赋给一个字符型变量，也可赋给一个整型变量，如例 3.3 第 4 行也可定义为 int a。

② 执行 getchar()函数输入字符时，键入字符后需按回车键，程序才会继续执行后续语句。

③ putchar()函数只能用于输出单个字符，如例 3.3 第 6、7 行。

3.3.3　格式数据的输入/输出

1．格式输出函数 printf()

printf()是格式输出函数，其功能是在标准输出设备上按指定格式输出数据。

其调用的一般形式为：

```
printf("格式控制字符串" [,输出项列表]);
```

格式控制字符串是用双引号引起来的字符串。它一般包括两部分，即格式字符串和非格式字符串（需原样输出），它的作用是控制输出项的格式和输出一些提示信息。如果只有非格式字符串，则输出项列表省略。

例如：

```
printf("送你一朵小红花");
```

程序运行结果：

送你—朵小红花

输出项列表：列出要输出的表达式（如常量、变量、运算符表达式、函数返回值等），它可以是零个、一个或多个，每个输出项之间用逗号（,）分隔。输出的数据可以是整数、实数、字符和字符串。

例如：

```
int x=65;
printf("x 的值为 %d, x 对应 ASCII 字符为 %c \n",x,x);
```

非格式字符串	格式字符串	输出项列表	
		控制字符	

程序运行结果：

x 的值为 65, x 对应 ASCII 字符为 A（换行）

说明

（1）格式字符串与输出项列表在数量和类型上要按顺序一一对应。

（2）格式字符串由"%"开始，并以格式字符结束，用于指定各输出项的输出格式，如表 3-2 所示。

表 3-2 函数 printf() 的常用格式字符串

格式字符串	用法说明
%d	输出带符号的十进制整数，正数的符号省略 如：int x=65; printf("%d",x); 输出为 65
%u	以无符号的十进制整数形式输出 如：int x=-1; printf("%u",x); 输出为 65535
%o	以无符号的八进制整数形式输出，不输出前导符 o 如：int x=65; printf("%o",x); 输出为 101
%x 或 %X	以无符号的十六进制整数形式输出，不输出前导符 ox 如：int x=65; printf("%x", x); 输出为 41
%c	输出一个字符 如：int x=65; printf("%c",x); 输出为 A
%s	输出字符串 如：char x[]="china"; printf("%s",x); 输出为 china
%f	以十进制小数形式输出实数（包括单精度、双精度），整数部分全部输出，小数输出 6 位（四舍五入，不足添 0） 如：float x=4.8; print("%f",x); 输出为 4.800000 double x=4.6786786; print("%f",x); 输出为 4.678679
%e 或 %E	以指数形式输出实数，要求小数点前必须有且仅有一位非零数字 如：float x=0.06; printf("%e",x); 输出为 6.000000e-002
%g 或 %G	自动选取 f 或 e 格式中输出宽度较小的一种使用，且不输出无意义的 0 如：float x=0.0600; printf("%g",x); 输出为 0.06
%%	输出百分号"%"

（3）格式修饰符：在 % 与格式字符中间还可插入格式修饰符，用于对输出格式进行微调，如指定数据域宽、小数位数、左对齐等，如表 3-3 所示。

表 3-3　函数 printf() 的格式修饰符

格式修饰符	用法说明
英文字母 l	表示以长整型输出整数或以双精度输出浮点数
英文字母 h	表示以短整型输出整数
指定域宽 m（m 为整数）	指定输出项所占列数 m 为正整数，数据宽度小于 m 时，在域内右对齐，左边用空格补足长度；数据宽度大于 m 时，按实际宽度全部输出 m 为负整数，则输出数据在域内左对齐
显示精度.n（n>=0）	n 为正整数，位于域宽 m 之后，表示为 m.n 对于浮点数，用于指定输出小数位数 对于字符串，用于指定从字符串左侧开始截取的子串字符个数

注意：%m.n 表示输出实数共占 m 个字符位置（包括小数点），其中 n 位小数。

【例 3.4】 格式输出。

程序如下：

```
1   #include <stdio.h>
2   int main()
3   {
4     int x=65535;
5     float y=123.1234567;
6     double z=12345678.1234567;
7     char w='p';
8     printf("x=%hd,%ld,%6d\n",x,x,x);
9     printf("y=%f,%lf,%8.2lf\n",y,y,y);
10    printf("z=%f,%lf,%5.4lf\n",z,z,z);
11    printf("w=%c,%8c,%-8c \n",w,w,w);
12    return 0;
13  }
```

程序运行结果：

```
x=-1,65535, □65535
y=123.123459,123.123459,□□123.12
/*注意：单精度能接收7位有效数字，双精度可接收16位有效数字*/
z=12345678.123457,12345678.123457,12345678.1235
w=p,□□□□□□□p,p□□□□□□□
```

程序分析如下。

（1）第 8 行分别以短整型、长整型和指定长度输出整数，超出 x 实际长度，输出时右对齐，左边空格补足长度（□表示空格）。

（2）第 9 行第三个格式控制字符串%8.2lf，总长 8 位，小数 2 位，输出时小数被截取，右对齐，左边空格补足长度。

（3）第 10 行格式控制字符串%5.4lf，m=5 小于 z 实际长度，z 按实际长度输出，四舍五入保留小数 4 位。

（4）第 11 行的字符串%-8c 将 w 左对齐，右边空格补足长度。

2. 格式输入函数 scanf()

scanf() 是格式输入函数，其功能是从标准化输入设备上按指定格式输入数据。

其调用的一般形式为：

```
scanf("格式控制字符串",参数地址列表);
```

　　格式控制字符串也是用双引号引起来的字符串，包括格式字符串和非格式字符串两部分。格式字符串和 printf() 函数相同，非格式字符串和 printf() 函数相对（在 printf() 中照原样输出，在 scanf() 中照原样输入）。

　　参数地址列表给出各变量的地址，地址由地址运算符"&"+变量名组成。如 &x 和 &y 分别表示变量 x 和 y 的地址。参数间用逗号分隔。

　　&x 和 &y 是编译系统给 x、y 两个变量分配的内存地址。变量地址是 C 语言编译系统为变量分配的，用户不必关心具体的地址是多少。

　　例如：

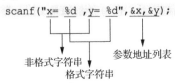

```
scanf("x= %d ,y= %d",&x,&y);
```
　　非格式字符串　　参数地址列表
　　　　格式字符串

程序运行时输入：

x=10,y=20✓

注意，非格式字符串部分"x= ,y="需原样输入。

说明

　　（1）格式字符串与参数地址列表在数量和类型上要按顺序一一对应。

　　（2）格式字符串由"%"开始，并以格式字符结束，用于指定各输入项的格式，如表 3-4 所示。

表 3-4　函数 scanf() 的常用格式字符串

格式字符串	用法说明
%d	输入十进制整数
%o	输入八进制整数
%x	输入十六进制整数
%c	输入一个字符，空白字符（包括空格、回车、制表符）也作为有效字符输入
%s	输入字符串，遇到空白字符（包括空格、回车、制表符）时，系统认为读入结束（但在开始读入之前遇到的空白字符会被系统跳过）
%f 或 %e	输入实数，以小数或指数形式输入均可
%%	输入一个百分号"%"

　　（3）格式修饰符：与 printf() 类似，在函数 scanf() 的"%"与格式字符中间也可以插入格式修饰符，如表 3-5 所示。

表 3-5　函数 scanf() 的格式修饰符

格式修饰符	用法说明
英文字母 l	表示输入长整型数（如 %ld）或双精度浮点数（如 %lf）
英文字母 h	表示输入短整型数或单精度浮点数
指定域宽 m（m 为整数）	用十进制整数指定输入数据的宽度（即字符数），若输入字符数超出指定值，超出部分被截去 如：scanf("%5f",&Pi);　printf("%f",Pi); 输入：3.1415925　　/*只是把 3.141 这 5 个字符存储在了变量中，其余部分被截去*/ 输出：3.141000

（4）scanf()函数没有精度控制，即用scanf()输入实型数据时不能规定精度。如：

```
scanf("%.2f",&pi);    /*非法的格式控制字符串*/
```

（5）在输入字符数据时，若格式控制字符串中没有指定分隔符，则所有输入的字符均为有效字符（包括空格）。如：

```
scanf("%c%c%c%c%c",&a,&b,&c,&d,&e);
```

输入：

```
Hi Jerry↙
```

输出：

Hi Je　/*把 H 存储在变量 a 中，i 存储在变量 b 中，空格存储在变量 c 中，J 存储在变量 d 中，e 存储在变量 e 中，剩余部分被截去*/

（6）在输入字符串时，如果输入空格，则认为输入已结束。如：

```
char x[]="";
scanf("%s",x);
printf("%s",x);
```

输入：

```
John Smith↙
```

输出：

John　　/*scanf()只把 John 存储在字符数组 x 中，空格后的 Smith 被截去*/

3.4　顺序结构程序设计举例

【例3.5】输入圆的半径，输出圆的周长和面积。
程序如下：

```
1   #include <stdio.h>
2   int main()
3   {
4       float r,l,s;
5       scanf("%f",&r);
6       l=2*3.1415*r;
7       s=3.1415*r*r;
8       printf("\n 圆的周长为: %6.2f",l);
9       printf("\n 圆的面积为: %6.2f",s);
10      return 0;
11  }
```

程序运行时输入：

2.4↙

程序运行结果：

圆的周长为：□15.08

圆的面积为：□18.10

程序分析如下。

输出时指定长度6，若长度不够，左边用空格补足。

例3.5可省略变量1和s，程序可改为如下所示，运行结果一样。

```
1   #include <stdio.h>
2   int main()
3   {
4       float r;
```

```
5        scanf("%f",&r);
6        printf("\n 圆的周长为: %6.2f",2*3.1415*r );
7        printf("\n 圆的面积为: %6.2f",3.1415*r*r );
8        return 0;
9    }
```

【例 3.6】 输入 3 个字符,将它们反向输出。

程序如下:

```
1    #include <stdio.h>
2    int main()
3    {
4        char ch1,ch2,ch3;
5        ch1=getchar();
6        ch2=getchar();
7        ch3=getchar();
8        putchar(ch3);putchar(ch2);putchar(ch1);
9        putchar('\n');
10       return 0;
11   }
```

程序运行时输入:

Abc↙

程序运行结果:

cbA

例 3.6 也可用格式数据输入/输出函数实现,程序可改为如下所示,运行结果一样。

```
1    #include <stdio.h>
2    int main()
3    {
4        char ch1,ch2,ch3;
5        scanf("%c%c%c",&ch1,&ch2,&ch3);
6        printf("%c",ch3);
7        printf("%c",ch2);
8        printf("%c\n",ch1);
9        return 0;
10   }
```

【例 3.7】 输入三角形三边长,求三角形的面积。

设已知三角形的边长 a、b、c,则求三角形面积的公式(海伦公式)为:

$$area=\sqrt{s(s-a)(s-b)(s-c)}\ ,\ 其中\ s=(a+b+c)/2$$

程序如下:

```
1    #include <stdio.h>
2    #include <math.h>
3    int main()
4    {
5        float a,b,c,s,area;
6        scanf("%f,%f,%f",&a,&b,&c);
7        s=(a+b+c)/2;
8        area=sqrt(s*(s-a)*(s-b)*(s-c));
9        printf("a=%6.2f,b=%6.2f,c=%6.2f,s=%6.2f\n",a,b,c,s);
10       printf("area=%6.2f\n",area);
11       return 0;
12   }
```

程序运行时输入:

5,6,7↙

程序运行结果：

```
a=□□5.00,b=□□6.00,c=□□7.00,s=□□9.00
area=□14.70
```

【例 3.8】求方程 $ax^2+bx+c=0$ 的根，a、b、c 由键盘输入，设 $b^2-4ac\geq0$，求根公式（韦达定理）为：

$$x=\frac{-b\pm\sqrt{b^2-4ac}}{2a}$$

令：

$$p=\frac{-b}{2a}\qquad\qquad q=\frac{\sqrt{b^2-4ac}}{2a}$$

则：$x_1=p+q$，$x_2=p-q$。

程序如下：

```
1    #include <stdio.h>
2    #include <math.h>
3    int main()
4    {
5        float a,b,c,disc,x1,x2,p,q;
6        scanf("a=%f,b=%f,c=%f",&a,&b,&c);
7        disc=b*b-4*a*c;
8        p=-b/(2*a);
9        q=sqrt(disc)/(2*a);
10       x1=p+q;
11       x2=p-q;
12       printf("x1=%5.2f\nx2=%5.2f\n",x1,x2);
13       return 0;
14   }
```

程序运行时输入：

```
a=3,b=6,c=2↙
```

程序运行结果：

```
x1=-0.42
x2=-1.58
```

程序分析如下。

例 3.8 根据韦达定理，依次计算 p、q、x1、x2 的值，程序按从上到下的顺序依次执行。注意将公式描述成 C 语言合法的表达式时，要符合语法和语义的要求。

本章小结

1. 本章知识点
（1）结构化程序设计方法。
（2）C 语言基本语句分为表达式语句、函数调用语句、控制语句、复合语句和空语句。
（3）顺序结构程序的基本构成，其特点是语句按其排列先后顺序执行。

2. 重难点
（1）C 语言中数据输入/输出的实现，C 语言本身不提供输入/输出语句，输入/输出功能由 C 语言的标准输入/输出库函数提供。
（2）字符输出函数 putchar()。
其调用的一般形式为：

```
putchar(字符型变量);
```
（3）字符输入函数 getchar()。

其调用的一般形式为：
```
getchar ();
```
（4）格式输出函数 printf()。

其调用的一般形式为：
```
printf("格式控制字符串" [,输出项列表]);
```
（5）格式输入函数 scanf()。

其调用的一般形式为：
```
scanf("格式控制字符串",参数地址列表);
```

要特别注意 scanf()函数在接收变量的值时，输入方式与类型必须完全一致对应，否则会使变量取值不正确。用 printf()函数通过格式字符可以完成许多复杂格式的输出，大家可多练习熟悉它们。

习题 3

班级_____　　姓名_____　　学号_____

一、判断题

1. 用格式字符串 "%d" 输出 float 类型变量时，截断小数位取整后输出。（　　　）
2. 用格式字符串 "%6.3f" 输出 i（i=123.45）时，输出结果为 123.450。（　　　）
3. scanf()函数中的格式字符串 "%d" 不能用于输入实数数据。（　　　）
4. 格式字符串 "%f" 不能用于输入 double 类型数据。（　　　）
5. printf()函数中的格式字符串 "%c" 只能用于输出字符类型数据。（　　　）

二、选择题

1. 下列可以正确表示字符型常数的是（　　　）。

   A. "a"　　　　　　　B. '\t'　　　　　　　C. "\n"　　　　　　　D. 297
2. 以下错误的转义字符是（　　　）。

   A. '\\'　　　　　　　B. '\"'　　　　　　　C. '\81'　　　　　　　D. '\0'
3. 有以下程序

```
#include <stdio.h>
int main()
{
    char a,b,c,d;
    scanf("%c,%c,%d,%d",&a,&b,&c,&d);
    printf("%c,%c,%c,%c\n",a,b,c,d);
}
```
若运行时从键盘上输入：6,5,65,66<回车>，则输出结果是（　　　）。

   A. 6,5,A,B　　　　B. 6,5,65,66　　　　C. 6,5,6,5　　　　D. 6,5,6,6
4. 下面程序的运行结果是（　　　）。

```
int main()
{   unsigned int a;
    int b=-1;
    a=b;
    printf("%u",a);
}
```

A. −1　　　　　　B. 65535　　　　　C. 32767　　　　　D. −32768

5. 下面程序的运行结果是（　　）。

```
#include<stdio.h>
int main()
{
    int x=10, y=10; printf("%d %d\n", x--, --y);
}
```

A. 9 10　　　　　B. 10 9　　　　　C. 10 10　　　　　D. 9　9

6. 下面程序的运行结果是（　　）。

```
#include<stdio.h>
int main()
{
    int a=0;
    a+=(a=8);
    printf("a=%d\n",a);
}
```

A. a=8　　　　　B. a=0　　　　　C. 以上答案都不对　D. a=16

7. 下面程序的运行结果是（　　）。

```
#include<stdio.h>
int main()
{
    char t;
    t='H'-'G'+'B';
    printf("t=%c\n",t);
}
```

A. t=67　　　　　B. t=C　　　　　C. t=c　　　　　D. 以上答案都不对

8. 下面程序的运行结果是（　　）。

```
#include<stdio.h>
int main()
{
    int a;
    char c=10;
    float g=123.456;
    double h;
    a=g/=c*=(h=6.5);
    printf("%d %d %3.2f  %3.2f \n",a,c,g,h);
}
```

A. 1 65 1.90 6.50　　B. 0 10 123.46 6.5　　C. 1 10 1.90 6.5　　D. 0 65 1.90 6.50

9. 下面程序的运行结果是（　　）。

```
int main()
{
    int a,b,c;
    a=25;
    b=025;
    c=0x25;
    printf("%d  %d  %d\n",a,b,c);
}
```

A. 25 25 25　　　　B. 25 22 33　　　　C. 25 21 37　　　　D. 25 23 28

10. 以下程序段的运行结果是（　　）。

```
int a=1234;
printf("%2d\n",n);
```

A. 12　　　　　　　　　　　　　　　B. 34

C. 1234
D. 提示错误，无结果

11. 设 x、y 均为整数变量，且"int x=10,y=3;"，则下列语句的输出结果是（ ）。
```
printf("%d,%d\n",x--,--y);
```
A. 10,3　　　　　B. 9,3　　　　　C. 9,2　　　　　D. 10,2

12. x、y、z 被定义为 int，若从键盘给 x、y、z 输入数据，正确的输入语句是（ ）。
A. INPUT x,y,z
B. scanf("%d%d%d",&x,&y,&z);
C. scanf("%d%d%d",x,y,z);
D. read("%d%d%d",&x,&y,&z);

13. 下面程序的运行结果是（ ）。
```c
int main()
{
    double d;
    float f;
    long l;
    int i;
    i=f=l=d=20/3;
    printf("%d%ld%f%f\n",i,l,f,d);
}
```
A. 6 6 6.000000 6.000000
B. 6 6 6.700000 6.700000
C. 6 6 6.000000 6.700000
D. 6 6 6.700000 6.000000

14. 假设变量已定义，以下是合法赋值语句的是（ ）。
A. x=y=100　　　B. d--　　　　C. x+y　　　　D. c=int(a+b)

15. 若变量 a、i 已经正确定义，且 i 已经正确赋值，则以下语句合法的是（ ）。
A. a==1　　　　B. ++i　　　　C. a=a++=5　　　D. a=int(i)

16. 以下不是 C 语言语句的是（ ）。
A. int i;　　　　B. ;　　　　　C. a=1，b=5　　　D. {;}

17. 以下程序段在运行时输入"a<回车>"，则叙述正确的是（ ）。
```c
char c1='1',c2='2';
c1=getchar();
c2=getchar();
putchar(c1);
putchar(c2);
```
A. c1 被赋予字符 a，c2 被赋予回车符
B. 程序将等待用户输入第 2 个字符
C. c1 被赋予字符 a，c2 是原有的字符 2
D. c1 被赋予字符 a，c2 中无确定值

18. 在 scanf() 函数的格式控制中，格式说明的类型与输入项的类型应该一一对应匹配。如果类型不匹配时，系统（ ）。
A. 不接受输入
B. 并不给出出错信息，但不可能得到正确数据
C. 能接收到正确输入
D. 给出出错信息，不接收输入

19. 有语句"scanf("%d,%d,%d",&a,&b,&c);"，为使变量 a 的值为 3，b 的值为 7，c 的值为 5，从键盘上输入数据的正确格式是（ ）。
A. 375↙　　　B. 3,7,5↙　　　C. a=3,b=7,c=5↙　　D. 3□5□7↙

20. 已知在 ASCII 字符集中，字母 A 的序号为 65，则下面程序的输出结果为（ ）。
```c
#include"stdio.h"
int main()
{
    char c='A';
```

```
    int i=10;
    c=c+10;
    i=c%i;
    printf("%c,%d\n",c,i);
}
```

    A. 75,7   B. 75,5   C. K,5   D. 程序有误

三、读程序写结果

1. 以下代码的输出结果是_____。

```
int main()
{
    int i=9;
    printf("%o\n",i);
}
```

2. 以下代码的输出结果是_____。

```
int main()
{
    char x='a',y='b';
    printf("%d\\%c\n",x,y);
    printf("x=\'%3x\',\'%-3x\'\n",x,x);
}
```

3. 以下代码的输出结果是_____。

```
#include"stdio.h"
int main()
{
    int k=65;
    printf("k=%d,k=%0x,k=%c\n",k,k,k);
}
```

4. 以下代码的输出结果是_____。

```
#include"stdio.h"
int main()
{
    int n1=10,n2=20;
    printf("n1=%d\nn2=%d\n",n1, n2);
}
```

5. 以下代码的输出结果是_____。

```
#include"stdio.h"
int main()
{
    int a=12,b=3;
    float x=18.5,y=4.6;
    printf("%d\n",(float)(a*b)/2);
    printf("%d\n",(int)x%(int)y);
    return 0;
}
```

6. 以下代码的输出结果是_____。

```
#include"stdio.h"
int main()
{
    int i=1;
    printf("%d\n",-i++);
    printf("%d\n",i);
    i=1;
```

```
    printf("%d\n",-++i);
    printf("%d\n",i);
    return 0;
}
```

7. 以下代码的输出结果是_____。

```
#include"stdio.h"
int main()
{
    int a=1234;
    printf("%2d\n",a);
    return 0;
}
```

8. 以下代码的输出结果是_____。

```
#include"stdio.h"
int main()
{
    int a=3;
    printf("%d,%d\n",a,(a-=a*a));
    return 0;
}
```

四、编程题

1. 某公司销售人员的薪水是这样计算的：每星期 200 元的底薪，再加上该星期总销售额 8%的提成。编写程序，输入一个星期的销售额，计算并输出销售人员该星期的总收入。

2. 贷款中的利息按照如下公式计算：利息=本金×利率×天数/365。编写程序，输入本金（principal）、利率（rate）和天数（days），计算并输出利息（interest）。

第 4 章
选择结构程序设计

本章导读

　　顺序结构程序设计是最基本、最简单的程序设计，它不能解决所有的问题。在工作生活中，我们常需根据判断做出选择，执行下一步操作。这类问题属于选择结构。选择结构也称为分支结构，它是三大基本结构之一。

　　本章将介绍在选择结构程序设计中，会用到的用于简单选择结构和多分支选择结构的语句。这些语句增加了程序的功能，也增强了程序的逻辑性与灵活性。

　　本章学习要点：

　　（1）掌握 if 语句和 switch 语句编写方式；

　　（2）区分 if 语句和 switch 语句；

　　（3）通过案例掌握各语句的具体使用方法。

4.1 简单选择结构

简单选择结构有单分支选择结构和双分支选择结构两种，用 if 语句实现。根据判断结果的真与假，选择分支语句组执行。

4.1.1 单分支 if 语句

单分支 if 语句的一般形式为：

    if(表达式) 语句;

或写成

    if(表达式)
        语句;

其语义为：首先判断表达式的值，如果表达式的值为真（非 0），则执行后面的语句，否则不执行。语句与表达式可写在一行，也可换行写。

> **注意**
>
> "if(表达式)" 不是单独的语句，所以无分号。

单分支 if 语句执行流程如图 4-1 所示。

【**例 4.1**】从键盘输入一个数，如果是正数则输出，否则不输出。

程序如下：

```
1    #include <stdio.h>
2    int main()
3    {
4      int a;
5      printf("输入a的值:");
6      scanf("%d",&a);
7      if(a>0)printf("a=%d\n",a);
8      return 0;
9    }
```

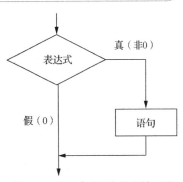

图 4-1 单分支 if 语句执行流程图

程序运行结果：

输入 a 的值:5✓
a=5

输入 a 的值:-5✓
请按任意键继续...

程序分析如下。

当 a 输入正数时，程序输出 a 的值；当 a 输入为负数时，程序什么都不输出。其中第 7 行可改写为：

```
if(a>0)
printf("a=%d\n",a);
```

也能得到正确运行结果。

【**例 4.2**】从键盘输入两个数，将较小的一个数输出。

程序如下：

```
1    #include <stdio.h>
```

```
2    int main()
3    {
4        int min,a,b;
5        printf("输入a,b两个整数: ");
6        scanf("%d,%d",&a,&b);
7        if(a>b)min=b;
8        if(a<=b)min=a;
9        printf("min=%d\n",min);
10       return 0;
11   }
```

程序运行结果：

输入a,b两个整数: 7,5✓
min=5

程序分析如下。

例4.2程序设计思想为输入两个数a、b。

（1）第7行语句判断a是否大于b，若条件成立，则将b的值赋给min。

（2）第9行语句判断a是否小于等于b，若条件成立，则将a的值赋给min。

经过这样处理后，min的值必然是a和b中的最小者。

【例4.3】 小明的姐姐在旅行社工作，旅行社为了争取更多的游客，给出优惠措施：团购5人（及以上），团费8折。姐姐请小明帮忙，设计一个可以根据输入的人数和团费，计算实际支付团费的程序。小明该怎么设计这个程序呢?

程序如下：

```
1    #include<stdio.h>
2    int main()
3    {
4        int p;
5        float c;
6        printf("输入人数p=");
7        scanf("%d",&p);
8        printf("输入团费c=");
9        scanf("%f",&c);
10       if(p>=5)
11           c=c*0.8;
12       printf("费用为:%.2f\n",c);
13       return 0;
14   }
```

程序运行结果：

输入人数p=6✓
输入团费c=430✓
费用为:344.00

4.1.2　双分支if语句

双分支if语句的一般形式为：

if(表达式) 语句1;

else 语句2;

或写成

if (表达式)

```
        语句1;
    else
        语句2;
```

其语义为: 首先判断表达式的值, 如果表达式的值为真(非0), 则执行语句1, 否则执行语句2, 双分支if语句执行流程如图4-2所示。

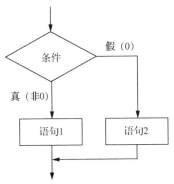

图 4-2　双分支 if 语句执行流程图

> **注意**
>
> 语句可以和 if、else 写在同一行, 也可以换行写。

【例 4.4】 使用双分支 if 语句改写例 4.2。

程序如下:

```
1    #include <stdio.h>
2    int main()
3    {
4        int min,a,b;
5        printf("输入a,b两个整数: ");
6        scanf("%d,%d",&a,&b);
7        if(a>b) min=b;
8        else  min=a;
9        printf("min=%d\n",min);
10       return 0;
11   }
```

程序运行结果同例 4.2。

程序分析如下。

例 4.4 与例 4.2 比较, 仅修改了第 8 行语句, 使用 if…else 语句来解决同样的问题。如果 a>b, 那么将 b 作为较小数赋给 min, 否则将 a 作为较小数赋给 min。

第 7、8 行语句还可改写为:

```
if(a>b)
  min=b;
else
  min=a;
```

【例 4.5】 判断一个正整数的奇偶性。

程序如下:

```
1    #include <stdio.h>
2    int main()
```

```
3    {
4        int a;
5        printf("请输入正整数a: ");
6        scanf("%d",&a);
7        if(a%2==0)
8            printf("%d是偶数\n",a);
9        else
10           printf("%d是奇数\n",a);
11       return 0;
12   }
```

程序运行结果：

请输入正整数a: 13↙

13是奇数

程序分析如下。

例 4.5 用 if…else 结构实现，第 7 行中表达式 a%2==0 判断 a 是否能被 2 整除，如果能，则输出 "是偶数"；如果不能，则执行 else 后面的语句，输出 "是奇数"。

【例 4.6】 小明准备考驾照，在学习交规的时候了解到，根据车辆的速度判断车辆是否超速时，如果道路限制速度为 80km/h，当车辆速度大于此值时为 "超速通过"，否则为 "正常通过"。小明想自己设计程序实现这个功能，该怎么设计呢？

程序如下：

```
1    #include<stdio.h>
2    int main()
3    {
4        int v;
5        printf("输入车辆速度: ");
6        if(v>80)
7            printf("超速通过");
8        else
9            printf("正常通过");
10       return 0;
11   }
```

程序运行结果:

输入车辆速度: 76↙

正常通过

4.2　多分支选择结构

4.2.1　多分支 if 语句

if 语句有 3 种形式，除了在简单选择结构中的单分支结构和双分支结构两种外，还有多分支结构，即 if…else if 语句。当有多个分支选择时，可采用第三种形式。

多分支 if 语句的一般形式为：

```
if (表达式1) 语句1;
else if (表达式2) 语句2;
…
else if (表达式n) 语句n;
```

```
     else 语句 n+1;
```
或写成
```
    if (表达式 1)
        语句 1;
    else if (表达式 2)
        语句 2;
    ...
    else if (表达式 n)
        语句 n;
    else
        语句 n+1;
```

其语义为：首先判断表达式的值，当某个表达式值为真（非 0）时，则执行对应语句，然后跳到整个 if 语句之外继续执行程序。如果所有表达式都为假，则执行语句 n+1，然后继续执行该 if 语句的后续程序。多分支 if 语句执行流程如图 4-3 所示。

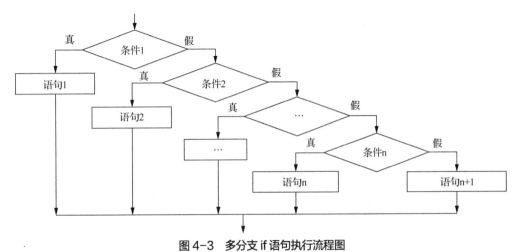

图 4-3　多分支 if 语句执行流程图

注意

> 每个 else 和 if 中间有空格。

【**例 4.7**】 根据 x 的值，判断输出 y 的值。

$$y = \begin{cases} 1, x > 0 \\ 0, x = 0 \\ -1, x < 0 \end{cases}$$

程序如下：
```
1    #include <stdio.h>
2    int main()
3    {
4        int x,y;
5        printf("please input x:");
6        scanf("%d",&x);
7        if(x>0)
8            printf("y=1\n");
9        else if(x<0)
```

```
10          printf("y=-1\n");
11      else
12          printf("y=0\n");
13      return 0;
14  }
```

程序运行结果：

```
please input x:-7↙
y=-1
```

程序分析如下。

例 4.7 用 if…else if 结构实现，第 7 行中表达式判断 x 是否为大于 0 的数，如果是，则输出 y=1，后面第 9~12 行不再执行。如果不是，则跳过第 8 行语句，执行第 9 行中表达式判断 x 是否为小于 0 的数，如果是，则输出 y=-1，后面第 11~12 行不再执行。如果不是，则跳过第 10 行语句，无条件执行最后一个 else 后面的语句，即第 12 行语句，输出 y=0。

【例 4.8】 小明在进一步的交规学习中了解到，根据车辆超速情况的不同，有不同处罚：

（1）超速 10%以内的，不罚款；

（2）超速 10%以上未达 20%的，罚 50 元，记 3 分；

（3）超速 20%以上未达 50%的，罚 200 元，记 3 分；

（4）超速 50%以上未达 70%的，罚 1000 元，记 6 分；

（5）超速 70%以上的，罚 2000 元，记 12 分，可以并处吊销驾驶证。

小明要实现这个功能，又该怎么设计程序呢？

程序代码：

```
1   #include<stdio.h>
2   int main()
3   {
4       float speed,limtspeed,r;
5       printf("输入车速: ");
6       scanf("%f",&speed);
7       printf("输入限速: ");
8       scanf("%f",&limtspeed);
9       r=(speed-limtspeed)/limtspeed;
10      if(r>0&&r<0.1)
11          printf("不罚款\n");
12      else if(r>=0.1&&r<0.2)
13          printf("罚款50,记3分\n");
14      else if(r>=0.2&&r<0.5)
15          printf("罚款200,记3分\n");
16      else if(r>=0.5&&r<0.7)
17          printf("罚款1000,记6分\n");
18      else if(r>=0.7)
19          printf("罚款2000,记12分,并可吊销驾照\n");
20      else
21          printf("遵守交规, 赞!\n");
22      return 0;
23  }
```

程序运行结果：

```
输入车速: 70↙
输入限速: 80↙
遵守交规, 赞!
```

程序分析如下。

例 4.8 使用 if 语句的多分支结构实现了对车辆超速不同情况的判断。注意，if 后面表达式要加 "( )"，要掌握表达式中逻辑运算符与关系运算符的使用方法。

【例 4.9】某网店推出以下优惠促销活动：购物满 50 元，打 9 折；购物满 100 元，打 8 折；购物满 200 元，打 7 折；购物满 300 元，打 6 折。编程计算当购物满 s 元时，实际付费多少。

程序如下：

```c
1    #include <stdio.h>
2    int main()
3    {
4        float s,f;
5        printf("输入消费额: \n");
6        scanf("%f",&s);
7        if(s<50)
8            f = s;
9        else if (s<100)
10           f = s*0.9;
11       else if (s<200)
12           f = s*0.8;
13       else if (s<300)
14           f = s*0.7;
15       else
16           f = s*0.6;
17       printf("实际付款额为: %.2f元\n",f);
18       return 0;
19   }
```

程序运行结果：

输入消费额:

623✓

实际付款额为: 373.80 元

程序分析如下。

（1）第 4 行定义消费额 s 和实际付款额 f，由于可能存在小数，所以将它们定义为 float 型。

（2）第 7～16 行使用 if…else 语句的嵌套，根据优惠活动规则设置不同判断条件，以不同的折扣率计算实际付款额。

（3）第 17 行输出实际付款额，控制按带 2 位小数的浮点数输出。

4.2.2　if 语句的嵌套

if 语句用于条件执行时，一个或者多个条件中，哪个条件满足就执行该条件下的语句。但是当遇到一个条件满足时还需要同时满足另外的一个或者多个条件的情况时该怎么办呢？

例如，对于任意的整数，判断其能否被 3 整除的同时被 5 或者 7 整除。

方法一，用逻辑与（&&）和逻辑或（||）描述为：

```
num%3==0&&（num%5==0 || num%7==0）
```

方法二，用嵌套 if 语句。if 语句的嵌套是指在 if 语句的执行语句中又有 if 语句。

if 语句的嵌套的完整格式为：

```
if (表达式1)
    if (表达式2)
```

```
        语句1;
    else
        语句2;
else
    if (表达式3)
        语句3;
    else
        语句4;
```

该完整格式表示：外层 if 表达式成立时，执行语句可以是一个内层 if 语句，表达式不成立时执行的语句也可以是一个内层 if 语句。在具体应用场合，可能不以完整形式出现，可以有省略情况。既可以只在外层 if 语句成立时内嵌一个 if 语句，也可以只在外层 if 语句不成立时内嵌一个 if 语句，而且每个 if 语句的 else 子句都可以省略。

例如：

```
if (表达式1)
if (表达式2)
语句1;
else
语句2;
```

```
if (表达式1)
语句1;
else
if (表达式2)
语句2;
else
语句3;
```

```
if (表达式1)
if (表达式2)
语句1;
else
语句2;
```

```
if (表达式1)
语句1;
else
if (表达式2)
语句2;
```

> **注意**
>
> 为了避免出现二义性，C 语言中规定，在嵌套 if 语句中，按照"就近配对"的原则，else 总是与它前面离它最近的未被配对的 if 配对，也可以将内层 if 语句用"{}"括起来，使得层次清晰，避免二义性。

如下例，"{}"位置不同，输出结果不同：

```
原程序: 默认和后一个 if 配对
#include "stdio.h"
int main()
{
    int n=3,z,a=5,b=2;
    if(n>0)
        if(a>b)
            z=a;
        else
            z=b;
    printf("%d",z);
    return 0;
}
输出: 5
```

```
#include "stdio.h"
int main()
{
    int n=3,z,a=2,b=5;
    if(n>0)
        {if(a>b)
            z=a;}
    else
        z=b;
    printf("%d",z);
    return 0;
}
输出: 无输出
```

```
#include "stdio.h"
int main()
{
    int n=3,z,a=2,b=5;
    if(n>0)
        {if(a>b)
            z=a;
        else
            z=b; }
    printf("%d",z);
    return 0;
}
输出: 5 （加上{}，按层次缩进）
```

【例 4.10】 对于任意的整数，判断其能否被 3 整除的同时被 5 或者 7 整除，若成立输出"yes"，否则输出"no"。

程序如下：

```
1    #include <stdio.h>
2    int main()
```

```
3   {
4       int num;
5       printf("please input num:");
6       scanf("%d",&num);
7       if(num%3==0)
8       {
9           if(num%5==0 || num%7==0)
10              printf("yes\n");
11          else
12              printf("no\n");
13      }
14      else
15          printf("no\n");
16      return 0;
17  }
```

程序运行结果：（两次输入）

```
please input num:344✓
no
请按任意键继续...

please input num:63✓
yes
请按任意键继续...
```

程序分析如下。

例 4.10 用到了 if 语句的嵌套。第 7 行和第 14 行的 if…else 构成外层 if 结构，当第 7 行 if 表达式成立时，才进入内层 if 语句，否则直接执行第 14 行的 else 输出。在执行内层 if 结构时，只有当第 9 行表达式成立时，才执行第 10 行输出，否则执行第 12 行输出。无论执行哪一个输出，其他输出都不再执行。

使用 if 语句的注意事项如下。

（1）if 表达式可以是逻辑表达式、关系表达式、赋值表达式，也可以为一个变量。

（2）if(k=9)、if(c)都是合法的，只要是非 0 即可执行对应语句。

（3）表达式用括号括起来，后面不能加分号，后面跟的语句要加分号。

（4）如果条件后面的语句不是单语句，需要用 "{}" 括起来，"}" 后面不能加分号。

（5）嵌套关系中尽量按层次缩进，增加程序的可读性。

4.2.3　多分支 switch 语句

在前面我们介绍了多分支选择结构可以用 if…else if，但通常用它进行模糊条件匹配，当我们进行多个精确条件匹配时，用 if 语句来解决问题，程序结构会显得很复杂，甚至凌乱。

我们也可以用 if 的嵌套解决问题，但分支越多，程序嵌套层数越多，程序就越复杂，造成程序冗余并且降低了可读性。

C 语言的 switch 语句是另一种多分支结构。switch 语句擅长处理一些分支较多且很有规律的精确匹配。通常我们也称其为情况语句或开关语句。

switch 语句一般形式为：

```
switch(表达式)
{
    case 常量1: 语句1;[break;]
    case 常量2: 语句2;[break;]
```

```
        ...
        case 常量n: 语句n;[break;]
        default:  语句n+1;
    }
```

其语义为：计算表达式的值，并逐个与其后的常量值相比较，当表达式的值与某个常量的值相等时，即执行其后的语句，然后不再进行判断，继续执行 case 后的所有语句。如果表达式的值与所有 case 后的常量均不相同，则执行 default 后的语句。switch 多分支选择结构流程如图 4-4 所示。

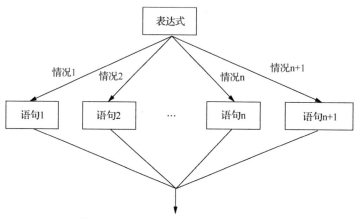

图 4-4 switch 多分支选择结构流程图

【例 4.11】 输入一个数字，输出对应星期几的英文单词。
程序如下：

```
1    #include <stdio.h>
2    int main()
3    {
4      int a;
5      printf("please input integer number:");
6      scanf("%d",&a);
7      switch(a)
8      {
9         case 1:printf("Monday\n");
10        case 2:printf("Tuesday\n");
11        case 3:printf("Wednesday\n");
12        case 4:printf("Thursday\n");
13        case 5:printf("Friday\n");
14        case 6:printf("Saturday\n");
15        case 7:printf("Sunday\n");
16        default: printf("error\n");
17     }
18     return 0;
19   }
```

程序运行结果：

```
please input integer number:4↙
Thursday
Friday
Saturday
Sunday
Error
```

程序分析如下。

从例 4.11 程序的运行结果可以看出，当用户输入 4 时，程序输出了 Thursday 及以后的所有星期，显然这不是我们所希望的结果。这和前面讲过的 if 语句完全不同，因此要特别注意。

C 语言提供了一种 break 语句，用于跳出 switch 语句。在每个 case 后面增加 break 语句，使每一次执行之后均可跳出 switch 语句，从而避免输出不应有的结果。

【例 4.12】 对例 4.11 进行改进。

程序如下：

```
1    #include <stdio.h>
2    int main()
3    {
4      int a;
5      printf("please input integer number:");
6      scanf("%d",&a);
7      switch(a)
8      {
9         case 1:printf("Monday\n");break;
10        case 2:printf("Tuesday\n"); break;
11        case 3:printf("Wednesday\n"); break;
12        case 4:printf("Thursday\n"); break;
13        case 5:printf("Friday\n"); break;
14        case 6:printf("Saturday\n"); break;
15        case 7:printf("Sunday\n"); break;
16        default: printf("error\n");
17      }
18      return 0;
19    }
```

程序运行结果：

```
please input integer number:4✓
Thursday
```

程序分析如下。

例 4.12 在每个 case 后面增加了 break 语句，当用户输入 4 后，第 12 行程序输出 Thursday 后执行 break 语句，跳出整个 switch 语句。

【例 4.13】 输入分数，输出成绩对应等级。90～100 分为 A 等，70～89 分为 B 等，60～69 分为 C 等，60 分以下为 D 等，输入超出 0～100 范围的任何数则输出"输入错误"。

程序如下：

```
1    #include <stdio.h>
2    int main()
3    {
4        int score,grade;
5        printf("please input score(0-100):");
6        scanf("%d",&score);
7        grade=score/10;
8        switch(grade)
9        {
10           case 10:
11           case 9:printf("A等\n");break;
12           case 8:
13           case 7:printf("B等\n");break;
14           case 6:printf("C等\n");break;
15           case 5:
```

```
16              case 4:
17              case 3:
18              case 2:
19              case 1:
20              case 0:printf("D 等\n");break;
21              default:printf("输入错误\n");break;
22          }
23      return 0;
24  }
```

程序运行结果：

```
please input score(0-100):82✓
  B 等
```

程序分析如下。

例 4.13 程序中的第 7 行将成绩整除 10，转化为 switch 语句中的 case 标号。从本例可以看出，多个分支可以共用一组语句，即某些分支的语句可以为空。当用户输入 82 时，case 8 后面为空，它和 case 7 共用语句，程序找到 case 8 变量与 grade 匹配，以此作为入口标号，从第 12 行开始执行，不再进行判断，当程序执行完第 13 行的输出语句后执行 break 语句，跳出整个 switch 语句。

使用 switch 语句应注意以下几点。

（1）表达式的值可以是整型或字符型。

（2）default 可以省略，根据问题实际情况选择。

（3）每个 case 后面的"常量"必须不同，否则会出现矛盾。但各 case 常量的先后顺序不影响执行结果。

（4）多个 case 子句可共用同一语句，如例 4.9。

（5）case 后面的"常量"仅起语句标号作用，并不进行条件判断，系统一旦找到入口，就从此标号开始执行，不再进行标号判断，直到执行 break 语句，就跳出整个 switch 语句。

4.2.4　多分支 if 语句与 switch 语句的比较

多分支 if 语句和 switch 语句都可以用来解决多分支问题，两个语句的比较如下。

（1）多分支 if 语句的条件表达式比较直接，switch 语句表达式需要构造。

（2）多分支 if 语句适用于模糊条件匹配，如判断一个值是否处在某个区间；而 switch 语句适用于精确匹配。

（3）分支较少时，if 语句的效率比 switch 语句高；分支较多且取值有规律时，适合使用 switch 语句。

（4）switch 语句的效率一般比 if 语句要高，switch 语句的表达式只计算一次，if 语句的每个条件都要计算一遍。

4.3　选择结构程序设计举例

【例 4.14】 输入 3 个数，比较后按从大到小的顺序输出。

程序如下：

```
1   #include <stdio.h>
2   int main()
3   {
4       int a,b,c,t;
5       printf("请任意输入三个数（空格分隔）: \n");
```

```
6        scanf("%d %d %d",&a,&b,&c);
7        if (a<b) {t=a; a=b; b=t;}
8        if (a<c) {t=a; a=c; c=t;}
9        if (b<c) {t=b; b=c; c=t;}
10       printf("从大到小排列为: %d %d %d\n",a,b,c);
11       return 0;
12   }
```

程序运行结果:

请任意输入三个数（空格分隔）:

55 32 66↙

从大到小排列为: 66 55 32

程序分析如下。

例 4.14 程序用了 3 个并列的 if 语句解决问题:

① 第 7 行如果 a<b，则交换 a 和 b 的值;

② 第 8 行如果 a<c，则交换 a 和 c 的值;

③ 第 9 行如果 b<c，则交换 b 和 c 的值。

由于满足每个 if 表达式后，需执行 3 条语句，故语句组需加 "{}"。

【例 4.15】 输入两个操作数和运算符，计算其值。假设两个操作数均为整数且运算符有+、-、*、/。

程序如下:

```
1    #include <stdio.h>
2    int main()
3    {
4        int a,b;
5        char c;
6        scanf("%d %d %c",&a,&b,&c);
7        switch(c)
8            {
9                case '+':printf("%d%c%d=%d\n",a,c,b,a+b);break;
10               case '-':printf("%d%c%d=%d\n",a,c,b,a-b);break;
11               case '*':printf("%d%c%d=%d\n",a,c,b,a*b);break;
12               case '/':
13                   {
14                       if(b==0)
15                           printf("Divided by zero!\n");
16                       else
17                           {
18                               if(a%b==0)
19                                   printf("%d%c%d=%d\n",a,c,b,a/b);
20                               else
21                                   printf("%d%c%d=%.2f\n",a,c,b,(double)a/b);
22                           }
23                   }
24                   break;
25               default:printf("Input Error!\n");
26           }
27       return 0;
28   }
```

程序运行结果:（4 次输入）

4 5 +↙

4+5=9

请按任意键继续...

```
3 0 /↙
Divided by zero!
```
请按任意键继续...

```
24 8 /↙
24/8=3
```
请按任意键继续...

```
7 3 /↙
7/3=2.33
```
请按任意键继续...

程序分析如下。

在例 4.15 程序中，当输入除号时，根据输入值的不同分为了 3 种情况：

① 当分母为 0，输出"Divided by zero!"；

② 当"a%b==0"，即 a 能被整除时，结果取整不要小数；

③ 当 a 不能被整除时，保留两位小数。

【例 4.16】 输入某年某月某日，判断这一天是这一年的第几天。

程序如下：

```
1   #include <stdio.h>
2   int main()
3   {
4       int day,month,year,sum,leap;
5       printf("please input year,month,day\n");
6       scanf("%d %d %d",&year,&month,&day);
7       switch(month)      /*先计算某月以前月份总天数*/
8       {
9           case 1:sum=0;break;
10          case 2:sum=31;break;
11          case 3:sum=31+28;break;
12          case 4:sum=31+28+31;break;
13          case 5:sum=2*31+28+30;break;
14          case 6:sum=3*31+28+30;break;
15          case 7:sum=3*31+28+2*30;break;
16          case 8:sum=4*31+28+2*30;break;
17          case 9:sum=5*31+28+2*30;break;
18          case 10:sum=5*31+28+3*30;break;
19          case 11:sum=6*31+28+3*30;break;
20          case 12:sum=6*31+28+4*30;break;
21          default:printf("data error");
22      }
23      sum=sum+day;              /*再加上某天天数*/
24      {
25          if(year%400==0||(year%4==0 && year%100!=0))     /*判断是不是闰年*/
26          leap=1;
27          else
28          leap=0;
29      }
30      if(leap==1 && month>2)
```

```
31          sum++;
32      printf("it is the %d th day!",sum);
33      return 0;
34  }
```

程序运行结果：（两次输入）

```
please input year,month,day
2020 3 5✓
it is the 65 th day!

please input year,month,day
2021 3 5✓
it is the 64 th day!
```

程序分析如下。

例 4.16 的程序设计思想是：以 3 月 5 日为例，应该先把前两个月的天数加起来，然后加上 5 天即得出是本年的第几天。该程序可用 switch 语句实现，如果当年是闰年且输入月份大于 3 时，需多加一天。

【**例 4.17**】 输入字母 k，输出 "Korea World Cup."；输入字母 j，输出 "Japan World Cup."；输入字母 c，输出 "China Olympic Games."。

程序如下：

```
1   #include <stdio.h>
2   int main()
3   {
4       char c;
5       c=getchar();
6       if(c=='k' || c=='K') printf("Korea World Cup.\n");
7       else if(c=='j' || c=='J') printf("Japan World Cup.\n");
8       else if(c=='c' || c=='C') printf("China Olympic Games.\n");
9       else printf("%c\n",c);
10      return 0;
11  }
```

程序运行结果：

```
c
China Olympic Games.
```

例 4.17 用 if…else if 结构实现，请读者使用 switch 语句改写。

【**例 4.18**】 从键盘任意输入一个字符，编程判断该字符是数字、大写字母、小写字母，还是其他字符。

程序如下：

```
1   #include "stdio.h"
2   int main()
3   {
4       char c;
5       printf("请输入一个字符：");
6       c=getchar();
7       if(c>='0' && c<='9')
8           printf("这是一个数字\n");
9       else if(c>='A' && c<='Z')
10          printf("这是一个大写字母\n");
11      else if(c>='a' && c<='z')
12          printf("这是一个小写字母\n");
```

```
13          else
14              printf("这是一个其他字符\n");
15          return 0;
16      }
```

程序运行结果：

请输入一个字符：M↙

这是一个大写字母

程序分析如下。

（1）第 6 行将用户从键盘输入的字符存入字符型变量 c 中。

（2）第 7～14 行用一个 if…else if 结构判断 c 中的字符属于什么类型，当某一个 if 表达式成立，则执行下方对应的 printf 语句输出后，结束整个 if 语句。

（3）第 7～14 行中每个 if 表达式除了直接用字符区间来判断，还可用字符对应在 ASCII 表中的数值表示区间，如下所示，所得执行结果相同。

```
if(c>=48 && c<=57)
printf("这是一个数字\n");
else if(c>=65 && c<=90)
printf("这是一个大写字母\n");
else if(c>=97 && c<=122)
printf("这是一个小写字母\n");
else
printf("这是一个其他字符\n");
```

【例 4.19】 铁路运货的费用与路程 s 远近有关：不足 50 千米，每吨每千米 1.00 元；50 千米≤s<100 千米，每吨每千米 0.90 元；100 千米≤s<200 千米，每吨每千米 0.80 元；s≥200 千米，每吨每千米 0.70 元。计算运货 w 吨，路程 s 千米的运费。

程序如下：

```
1   #include<stdio.h>
2   int main()
3   {
4       float s,total;
5       printf("输入里程数: ");
6       scanf("%f",&s);
7       if(s>0&&s<50)
8           total=s*1;
9       else if(s>=50&&s<100)
10          total=50*1+(s-50)*0.9;
11      else if(s>=100&&s<200)
12          total=50*1+50*0.9+(s-100)*0.8;
13      else
14          total=50*1+50*0.9+100*0.8+(s-200)*0.7;
15      printf("%.2f",total);
16      return 0;
17  }
```

程序运行结果：

输入里程数：128.4↙

117.72

程序分析如下。

例 4.19 用多分支结构解决了费用与路程问题，注意 if 后表达式中关系运算符与逻辑运算符的用法。

本章小结

（1）本章介绍了选择结构的单分支 if 语句、双分支 if…else 语句及多分支 if…else if…else 语句和 switch 语句。

① 单分支 if 语句一般形式为：

```
if(表达式) 语句;
```

② 双分支 if 语句一般形式为：

```
if(表达式) 语句1;
else 语句2;
```

③ 多分支 if 语句一般形式为：

```
if (表达式1) 语句1;
else if (表达式2) 语句2;
…
else if (表达式n) 语句n;
else 语句n+1;
```

④ switch 语句一般形式为：

```
switch(表达式)
{
    case 常量1: 语句1;[break;]
    case 常量2: 语句2;[break;]
    …
    case 常量n: 语句n;[break;]
    default: 语句n+1;
}
```

（2）对于一个多分支问题，可以用 if…else if…else 语句、选择结构的嵌套及 switch 语句 3 种方式解决问题，学会具体问题具体分析，选择最优方案。if 语句更多用于条件模糊匹配，switch 语句更多用于条件精确匹配。

（3）本章对使用这些语句实现选择结构、控制程序流程、实现程序的相互嵌套和组合等都进行了详尽介绍。读者要重点掌握这些语句中条件的选用方法、条件的判断方法及条件表达式的构建方法。

习题 4

班级＿＿＿＿＿＿　　姓名＿＿＿＿＿＿　　学号＿＿＿＿＿＿

一、选择题

1. 逻辑运算符两侧运算对象的数据类型（　　　）。
   A. 只能是 0 或 1
   B. 只能是 0 或非 0 正数
   C. 只能是整型或字符型数据
   D. 可以是任何类型的数据

2. 已知 x=43,ch='A',y=0;，则表达式 x>=y && ch<'B' && !y 的值是（　　　）。
   A. 0
   B. 语法错误
   C. 1
   D. "假"

3. 以下 if 语句形式不正确的是（　　　）。
   A. if(x>y &&x!=y);
   B. if(x= =y) x+=y;

C. if(x!=y) scanf("%d",&x) else scanf("%d",&y);

D. if(x<y){x++;y++;}

4. 为避免在嵌套的条件语句 if··else 中产生二义性，C 语言规定 else 子句总是与（ ）配对。

  A. 缩排位置相同的 if   B. 其之前最近的未与 else 配对的 if

  C. 其之后最近的 if   D. 同一行上的 if

5. 在执行语句 if((x=y=2)>=x&&(x<5)) y*=x;后，变量 x、y 的值应分别为（ ）。

  A. x=2,y=2   B. x=5,y=2   C. x=5,y=10   D. x=2,y=4

6. 设有 int a=0,b=5,c=2,x=0，下面可以执行到 x++ 的语句是（ ）。

  A. if(a) x++;   B. if(a=b) x++;   C. if(a>=b) x++;   D. if(!(b−c)) x++;

7. 已知 int x=1,y=2,z=0，执行语句 z=x>y?(10+x):(20+y,20−y)后，z 的值为（ ）。

  A. 11   B. 9   C. 18   D. 22

8. 下面程序段中，与 if(x%3)中 x%3 所表示条件等价的是（ ）。

  A. x%3= =0   B. x%3!=1   C. x%3!=0   D. x%3=1

9. 下面程序的运行结果是（ ）。

```c
#include<stdio.h>
int main()
{
    int a=5,b=4,c=3,d;
    d=(a>b>c);
    printf("d=%d\n",d);
}
```

  A. 1   B. d=12   C. d=3   D. d=0

10. 下面程序的运行结果是（ ）。

```c
#include<stdio.h>
int main()
{
    int a=1,b=2,m=0,n=0,k;
    k=(n=b>a) || (m=a+b);
    printf("k=%d,m=%d",k,m);
}
```

  A. k=2,m=3   B. k=1,m=0   C. k=0,m=1   D. k=1,m=1

11. 下面程序的运行结果是（ ）。

```c
#include<stdio.h>
int main()
{
    int a=4,b=5,c=0,k;
    k=!a&&!b || !c;
    printf("k=%d ",k);
}
```

  A. k=0   B. k=4   C. k=5   D. k=1

12. 运行两次下面的程序，如果从键盘上分别输入 6 和 4，则输出的结果是（ ）。

```c
#include"stdio.h"
int main()
{
    int x;
    scnaf("%d",&x);
    if(x>5)
    {
        printf("%d",x);
    }
}
```

```
    else
    {
        printf("%d\n",x--);
    }
    return 0;
}
```

　　A. 7 和 5　　　　　　B. 6 和 3　　　　　　C. 7 和 4　　　　　　D. 6 和 4

13. 阅读下面的程序，说法正确的是（　　　）。

```
#include"stdio.h"
int main()
{

    int x=3,y=0,z=0;
    if(x=y+z)
    {
        printf("*****");
    }
    else
    {
        printf("####");
    }
    return 0;
}
```

　　A. 有语法错误，不能通过编译

　　B. 输出*****

　　C. 可以通过编译，但不能通过链接，因而不能运行

　　D. 输出####

14. 下面程序的运行结果是（　　　）。

```
#include"stdio.h"
int main()
{

    int a=-1,b=1,k;
    if((++a<0)&&(!b--<=0))
    {
        printf("%d %d\n",a,b);
    }
    else
    {
        printf("%d %d\n",a,b);
    }
    return 0;
}
```

　　A. -1 1　　　　　　B. 0 1　　　　　　C. 1 0　　　　　　D. 0 0

15. 以下关于 switch 语句和 break 语句的描述中，正确的是（　　　）。

　　A. 在 switch 语句中必须使用 break 语句

　　B. 在 switch 语句中，可以根据需要使用或不使用 break 语句

　　C. break 语句只能用于 switch 语句中

　　D. break 语句是 switch 语句的一部分

16. 对 if 语句中表达式的类型，下面描述正确的是（　　　）。

　　A. 必须是关系表达式　　　　　　　　　B. 必须是关系表达式或逻辑表达式

　　C. 必须是关系表达式或算术表达式　　　D. 可以是任意表达式

17. 下面程序的运行结果是（　　　）。

```c
#include"stdio.h"
int main()
{
    int m=20;
    switch(m)
    {
        case 19:m+=1;
        case 20:m+=1;
        case 21:m+=1;
        case 22:m+=1;
    }
    printf("%d\\n",m);
    return 0;
}
```

　A. 20\n　　　　　　　B. 21\　　　　　　　C. 22\\　　　　　　　D. 23\n

18. 若要求在 if 后一对圆括号中的表达式能表示"a 等于 0 时的值为'真'"，则能正确表示这一关系的表达式是（　　　）。

　A. a!=0　　　　　B. !a　　　　　　　C. a　　　　　　　D. a=0

19. 若运行以下程序时从键盘上输入"5,6"，则输出结果是（　　　）。

```c
#include"stdio.h"
int main()
{
    int x,y,m;
    scanf("%d,%d",&x,&y);
    m=x;
    if(x<y)
    {
        m=y;
    }
    m*=m;
    printf("%d\n",m);
    return 0;
}
```

　A. 14　　　　　　　B. 36　　　　　　　C. 18　　　　　　　D. 24

20. 若运行以下程序时从键盘上输入"9"，则输出结果是（　　　）。

```c
#include"stdio.h"
int main()
{
    int n;
    scanf("%d",&n);
    if(n++<10)
    {
        printf("%d\n",n);
    }
    else
    {
        printf("%d\n",n--);
    }
    return 0;
}
```

　A. 11　　　　　　　B. 10　　　　　　　C. 9　　　　　　　D. 8

二、读程序写结果

1. 以下程序的输出结果是_____。

```c
#include <stdio.h>
int main()
{
  int  m=5;
  if(m++>5)   printf("***\n");
  else        printf("$$$\n");
}
```

2. 以下程序的输出结果是_____。

```c
#include<stdio.h>
int main()
{
   int x=5;
   switch(x)
   {
      case 1:
      case 2:printf("x<3\n");
      case 3: printf("x=3\n");
      case 4:
      case 5: printf("x>3\n");
      default: printf("x unknown\n");
   }
}
```

3. 以下程序的输出结果是_____。

```c
#include"stdio.h"
int main()
{
    int a=2,b=2;
    if(a<0)
        a++;b++;
    printf("%5d,%d\n",a,b);
    return 0;
}
```

4. 以下程序的输出结果是_____。

```c
#include"stdio.h"
int main()
{
    int a=1,b=2,c=3;
    if(c=a)printf("%d",c);
    else printf("%d",b);
    return 0;
}
```

5. 以下程序的输出结果是_____。

```c
#include"stdio.h"
int main()
{
    int a=0,b=0;
    if(a>3)
        if(a<7)
            b=1;
    else
        b=2;
    printf("b=%d",b);
    return 0;
```

```
}
```

6. 以下程序的输出结果是_____。

```c
#include"stdio.h"
int main()
{
    int a,b,c;
    a=2;b=3;c=1;
    if(a>b)
        if(a>c)
            printf("%d\n",a);
        else
            printf("%d\n",b);
    printf("end\n");
    return 0;
}
```

7. 以下程序的输出结果是_____。

```c
#include"stdio.h"
int main()
{
    int a,b,c;
    a=1;b=2;c=3;
    if(a<c)
        a=c;
    else
        a=b;c=b;b=a;
    printf("a=%d,b=%d,c=%d",a,b,c);
    return 0;
}
```

8. 以下程序的输出结果是_____。

```c
#include <stdio.h>
int main()
{
    int x = -10;
    if ( x>=0 )
        {if ( x<50 )
            printf("0");}
    else
        printf("1");
    return 0;
}
```

9. 以下程序的输出结果是_____。

```c
#include <stdio.h>
int main()
{
    int x = -10;
    if ( x>=0 )
        if ( x<50 )
            printf("0");
        else
            printf("1");
    return 0;
}
```

三、填空题

1. switch 语句的 case 表达式可以是_____。

2. 用 C 语句描述下列命题：a 小于 b 或小于 c_____；a 是奇数_____。

3. 假设变量 a 和 b 均为整数，表达式(a=12,b=13,a<b?1:0)的值是＿＿＿＿＿＿。

4. 以下程序的输出结果是-11，请填空。

```c
#include"stdio.h"
int main()
{
    int x=100,a=200,b=50;
    int v1=25,v2=20;
    if(a<b)
    if(b!=50)
    if(!v1)
    x=11;
    else if(v2)
    x=12;
    x=_____;
    printf("%d",x);
    return 0;
}
```

5. 填空实现程序的功能：输入一个三角形的 3 条边长，判断该三角形是等边三角形、等腰三角形还是一般三角形。

```c
#include"stdio.h"
int main()
{
    int x,y,z;
    scanf("%d %d %d",&x,&y,&z);
    if(_____)
        printf("不能构成三角形");
    else if(_____)
        printf("等边三角形");
    else if(_____)
        printf("等腰三角形");
    else
        printf("一般三角形");
    return 0;
}
```

四、编程题

1. 设计一个程序，输入一个整数，判断该数是否能被 9 整除。

2. 对于一个分段函数

$$y=\begin{cases} x & x<-1 \\ 2x-1 & -1\leqslant x\leqslant 1 \\ 2x+1 & x>1 \end{cases}$$

任意输入一个 x 值，输出相应的 y 值。

3. 输入 3 个整数，要求按从小到大的顺序输出。

4. 输入一个不多于五位的正整数，要求：①求出它是几位数；②分别输出每一位数字；③按逆序输出各位数字。例如原数为 321，应输出 123。

5. 输入一个五位数，判断它是不是回文数。例如，12321 是个回文数，个位与万位相同，十位与千位相同。

6. 公用电话收费标准如下：通话时间在 3 分钟以内，收费 0.5 元；超过 3 分钟，则每超过 1 分钟加收 0.15 元。编写程序，计算某人通话 S 分钟，应缴多少电话费。

第 5 章

循环结构程序设计

本章导读

日常生活中总会有许多有规律性的重复工作，我们为了完成这些必要的工作需要花费很多时间，而通过编写程序的方式来解决这类问题可以节省大量时间。处理此类问题的程序需要将某些语句或语句组重复执行多次，被重复执行的语句或语句组称为循环体；决定是否继续进行循环的条件称为循环控制条件；这种由循环体及循环控制条件所构成的程序结构称为循环结构。

要构造出循环结构的程序，我们需要学习 C 语言提供的 3 种实现循环结构的语句：while 语句、do…while…语句和 for 语句。同时还要区分 3 种循环语句的各自特点和嵌套使用方法，掌握改变默认循环执行状态的语句的使用方法，这样，我们才能正确编写程序，高效率地解决更多更复杂的问题。

5.1　实现循环结构的 3 种语句

5.1.1　while 语句

while 语句构成的循环又称为当型循环，它的一般形式为：

```
while(表达式)
    循环体语句;
```

其语义为：其中的表达式为循环控制条件，当表达式值为真（非 0）时，则重复执行循环体语句，直到表达式值为假时结束循环。当第一次判断就为假时，则跳过循环体语句，直接执行后面的程序代码。

while 语句执行流程如图 5-1 所示。

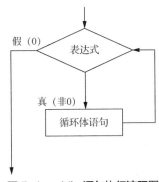

图 5-1　while 语句执行流程图

使用 while 循环结构时应注意以下几点。

（1）整个结构执行过程是先判断后执行，因而循环体有可能一次都执行不到。

（2）while 中的表达式一般为关系表达式或逻辑表达式，只要表达式的值为真（非 0），即可继续循环。

（3）无法终止的循环常被称为死循环或无限循环。如果循环体中的循环表达式是一个非 0 值常量表达式，则构成了死循环。

例如：

```
while(1)
    循环体语句;
```

在 C 语言程序设计中，如果不是有意造成死循环，则循环体中循环变量的值在循环过程中必须改变，使其不断接近循环退出条件，直到满足条件时退出循环。

因此，构造循环一般考虑以下几个因素。

① 三个要素：设置变量初始化；设置循环条件；构造循环体。

② 一个要求：循环变量的值在循环过程中必须改变。

③ 一个关系：循环中变化的量与循环变量的关系。

例如下列代码，求 1～100 累加之和。

```
int i=1;
int sum=0;
while(i<=100)
{
    sum=sum+i;
}
```

在这段代码中，while 语句首先判断 i 变量是否小于等于 100，如果是，则为真，执行"{}"

中语句块；如果不是，则为假，那么跳过语句块中的内容直接执行。但由于语句块中缺少对 i 变量值改变的语句，使得 while 语句表达式永为真，程序会一直执行下去，构成了死循环。

因此，本程序中循环体应改为：

```
int i=1;                          /*变量初始化*/
int sum=0;
while(i<=100)                     /*设置循环条件*/
{
    sum=sum+i;                    /*循环中变化的量 sum 与循环变量 i 的关系*/
    i++;                          /*循环变量 i 的值在循环过程中的改变*/
}
```

（4）如果循环体语句是由多条语句构成的，那么循环体必须加上花括号"{}"构成复合语句。

【例5.1】输入若干个学生的"C语言"课程成绩，当输入-1时结束，并计算该课程平均成绩。
程序如下：

```
1    #include "stdio.h"
2    int main()
3    {
4            float sum=0,score,average;
5            int count=0;
6            printf("please input score:\n");
7            scanf("%f",&score);
8            while(score!=-1)
9            {    sum+=score;
10                count++;
11                scanf("%f",&score);
12           }
13           average=sum/count;
14           printf("%d 个学生的平均成绩是: %.2f\n",count,average);
15           return 0;
16   }
```

程序运行结果：

```
please input score:
56↙
7↙
67↙
83.33↙
90.35↙
-1↙
5 个学生的平均成绩是: 60.74
```

程序分析如下。

设变量 sum 用于存放所有学生成绩的总和，count 用于存放学生人数，score 用于存放当前输入的学生成绩，average 用于存放平均成绩。第8行 while 条件对输入学生成绩进行判断，当成绩不为-1时，第9行对其进行累加，第10行对学生人数+1，当输入学生成绩为-1时结束循环，第13行计算平均成绩，并保留2位小数输出。

【例5.2】统计从键盘上输入的一行字符的个数。
程序如下：

```
1    #include "stdio.h"
2    int main()
```

```
3     {
4             int n=0;
5             printf("输入若干字符按回车键结束：\n");
6             while(getchar()!='\n')
7                 n++;
8             printf("输入的字符个数=%d\n",n);
9             return 0;
10    }
```

程序运行结果：

输入若干字符按回车键结束：

teacher wang✓

输入的字符个数=12

程序分析如下。

（1）第 6 行的循环条件为 getchar()!='\n'，表示只要从键盘上输入的字符不是回车，就继续循环。

（2）第 7 行 n++实现了对输入的一行字符的个数进行统计。

【例 5.3】 从键盘输入 n，用 while 语句求 n! 。

程序如下：

```
1     #include "stdio.h"
2     int main()
3     {
4         long int fact=1;        /*阶乘积数值范围较大，故定义为长整型*/
5         int i=1,n;
6         printf("please input n:");
7         scanf("%d",&n);
8         while(i<=n)
9         {
10            fact*=i;
11            i++;
12        }
13        printf("%d!=%ld\n",n,fact);
14        return 0;
15    }
```

程序运行结果：

please input n:7✓

7!=5040

程序分析如下。

例 5.3 中 fact 初值为 1，不能为 0，否则结果将永为 0。

5.1.2　do…while 语句

do…while 语句构成的循环又称为直到型循环，它的一般形式为：

```
do
    循环体语句;
while(表达式);
```

do…while 循环与 while 循环的不同之处在于：它先执行循环体中的语句，然后判断表达式是否为真，如果为真，则继续循环；如果为假，则终止循环。因此，do…while 循环至少执行一次循环体。

do…while 语句执行流程如图 5-2 所示。

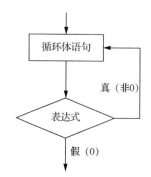

图 5-2　do…while 语句执行流程图

【**例 5.4**】 用 do…while 语句编程实现输出 1+2+…+100 之和。
程序如下：

```
1    #include "stdio.h"
2    int main()
3    {
4        int i=1;                   /*变量初始化*/
5        int sum=0;
6        do                         /*设置循环条件*/
7        {
8            sum=sum+i;             /*进行累加运算*/
9            i++;                   /*计数器加1*/
10       }
11       while(i<=100);
12       printf("1+2+…+100=%d\n",sum);
13       return 0;
14   }
```

程序运行结果：

```
1+2+…+100=5050
```

程序分析如下。

例 5.4 改为用 do…while 语句实现后，第 7 行和第 8 行语句先无条件执行一次，再判断 while 表达式是否为真，如果是则继续执行循环体语句，否则退出循环。

【**例 5.5**】 小明看中了一款 8000 多元的手机，但是家里没有这个预算。他发现有一种"校园贷"，如果贷款 10000 元，签订 8 个月的偿还期限，日利率只有 0.8%。你觉得怎么样？想不想了解一下在 8 个月后需要偿还多少钱？请编写程序实现。

程序如下：

```
1    #include "stdio.h"
2    int main()
3    {
4        float capital=10000,interest=0.24;
5        int month=1;
6        do
7        {
8            capital*=(1+interest);
9            month+=1;
10       }
11       while(month<=8);
12       printf("8个月后本金加利息共%.2f元\n",capital);
```

```
13        return 0;
14   }
```

程序运行结果：

8 个月后本金加利息共 55895.07 元

在例 5.5 中通过循环结构模拟不良网贷，本金 1 万元，8 个月后需要偿还 5 万多元，也警示大家看到其恶劣后果，远离网贷陷阱。

请将本程序改为用 while 循环实现。

5.1.3　for 语句

for 语句构成的循环是 C 语言中提供的使用最为灵活、适应范围最广的循环结构，它不仅可以用于循环次数已确定的情况，也可以用于循环次数不确定但能给出循环条件的循环，for 循环结构的一般形式为：

```
for(表达式 1;表达式 2;表达式 3)
        循环体语句;
```

说明如下。

（1）括号中的 3 个表达式称为循环控制表达式，表达式 1 的作用是为循环变量赋初值或者为循环体中的其他数据赋初值；表达式 2 的作用是作为条件用于控制循环的执行；表达式 3 的作用是对循环控制变量进行修改，3 个表达式间用分号分隔，并加上括号。

（2）执行流程如下。

① 执行表达式 1。

② 执行表达式 2，如果表达式 2 的值为真（非 0），则执行循环体语句，然后执行第③步；如果表达式 2 的值为假（0），则结束循环，转到第⑤步。

③ 执行表达式 3。

④ 转至第②步继续执行。

⑤ 循环结束，执行 for 语句后面的语句。

for 语句执行流程如图 5-3 所示。

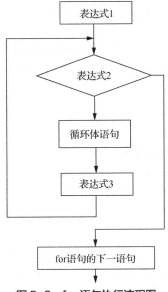

图 5-3　for 语句执行流程图

（3）使用 for 循环结构时，需注意以下几点。

① for 语句最易理解的形式如下：

```
for(循环变量赋初值;循环条件;循环变量增值)
    循环体语句;
```

"循环变量赋初值"一般通过赋值语句完成；"循环条件"是一个关系表达式，它决定什么时候退出循环；"循环变量增值"定义循环控制变量每循环一次后按什么方式变化，可以递增，也可递减。各部分用";"分隔。

以下代码所示为求 1～100 累加之和的 for 循环实现：

```
for(i=1;i<=100;i++)
    sum=sum+i;
```

先给 i 赋初值为 1，然后判断 i 是否小于等于 100，若是，则执行循环体语句 sum=sum+i，之后 i 值增加 1；再重新判断 i<=100，直到条件为假时结束循环。

② 整个结构是先判断、后执行，因而循环体有可能一次都不执行。

③ 无论表达式 1 和表达式 3 取何值，只要表达式 2 是一个非 0 值的常量表达式，则构成死循环。例如：

```
for(表达式1;10;表达式3)
```

④ 根据程序功能需要，3 个表达式都可以是逗号表达式。

⑤ 根据程序功能需要，3 个表达式可以省略一个、两个、三个，但作为分隔符的";"不能省略。如果控制部分的 3 个表达式全部省略，则是死循环的另外一种表达形式。例如：

```
for(;;)
        循环体语句;
```

在程序设计时，如果遇到从 C 语言的语法要求上应该有一条语句，但语义上（即程序的逻辑功能上）又不需要进行任何操作的情况，我们就可以使用空语句来占据这条语句的位置，以同时满足语法和语义上的需求。

例如，求整数 1～10 之和，我们常进行如下处理：

```
int i,s;
for(i=1,s=0;i<=10;i++)
    s+=i;
```

如果要求循环体使用空语句，则可以使用如下代码段实现：

```
int i,s;
for(i=1,s=0;i<=10; s+=i,i++);        /*此处循环体是空语句*/
```

【例 5.6】改写例 5.4，用 for 语句编程实现输出 1+2+…+100 之和。

程序如下：

```
1   #include <stdio.h>
2   int main()
3   {
4       int i,s=0;        /*初始化*/
5       for(i=1; i<=100; i++)
6       s+= i;          /*s = s + i;每次执行时 s 都在原基础上增加i*/
7       printf("s=%d\n",s);
8       return 0;
9   }
```

程序分析如下。

程序运行时，循环变量 i 从 1 开始每次递增 1，加数也随之递增，并累加到变量 s 中。

【**例** 5.7】 输入任意 10 个整数，求 10 个数中所有偶数的和。

程序如下：

```
1    #include <stdio.h>
2    int main()
3    {
4        int a,i;
5        long int s=0;
6        printf("请输入10个整数: \n");
7        for(i=1;i<=10;i++)
8        {
9            scanf("%d",&a);
10           if(a%2==0)
11               s=s+a;
12       }
13       printf("s=%ld\n",s);
14       return 0;
15   }
```

程序输出结果：

请输入 10 个整数：

345□ 54□ 66□ 79□ 86□ 23 □44 □56 □100□ 67✓

s=406

程序分析如下。

（1）第 5 行用变量 s 来存放所有偶数的和，初值赋为 0。

（2）第 7 行用循环结构循环 10 次，每次输入一个整数到变量 a 中。

（3）第 10 行让变量 a 的值对 2 求余，判断余数是否为 0，若为 0，则 a 变量为偶数，就对变量 s 求累加和，执行 s=s+a；若判断余数不为 0，则变量 a 的值为奇数，进行下一次循环，继续输入下一个数。

在这个程序中，循环控制变量 i 只起到控制循环次数的作用，如果将其改为 i=11~20，结果相同。

【**例** 5.8】 从键盘输入 n 的值，用 for 语句求 1!+2!+3!+⋯+n!的值。

程序如下：

```
1    #include "stdio.h"
2    int main()
3    {
4        int i,n;
5        long int sum=0,t=1;
6        printf("please input n:");
7        scanf("%d",&n);
8        for(i=1;i<=n;i++)
9        {
10           t=t*i;
11           sum+=t;
12       }
13       printf("阶乘和为: %ld\n",sum);
14       return 0;
15   }
```

程序输出结果：

please input n:4✓

阶乘和为：33

程序分析如下。

（1）第4行设循环变量 i。

（2）第8行 i 从初值1变化到 n，sum 用于存放总和；设 t 用于存放 i 的阶乘。

（3）第10行表示当 i=1 时，t=1；当 i=2 时，t=t*2（即2的阶乘等于1的阶乘乘以2）；当 i=3 时，3的阶乘 t=t*3，即 i 的阶乘等于(i-1)的阶乘乘以 i，如此递归计算各数阶乘。

【例5.9】　斐波那契（Fibonacci）数列的第1、2项分别为1、1，以后各项的值均是其前两项之和。求前30项斐波那契数。

程序如下：

```
1   #include <stdio.h>
2   int main()
3   {
4       long  f1=1,f2=1,f3;
5       int  k;
6       printf(" %ld\t%ld\t",f1,f2);
7       for(k=3;k<=30;k++)
8       {   f3=f1+f2;
9           printf(" %ld\t",f3);
10          f1=f2; f2=f3;
11      }
12    return 0;
13  }
```

程序输出结果：

```
1       1       2       3       5       8       13      21      34      55      89      144
233     377     610     987     1597    2584    4181    6765    10946   17711   28657   46368
75025   121393  196418  317811  514229  832040
```

程序分析如下。

例5.9采用了名为"递推法"的编程方法。所谓递推法就是从初值出发，归纳出新值与旧值间的关系，直到求出所需值为止。新值的求出依赖旧值，不知道旧值，无法推导出新值。数学上的递推公式解决的正是这一类问题。

① f1 是第一个数，f2 是第二个数，f3 是第三个数，即 f1=1; f2=1; f3=f1+f2。

② 以后只要改变 f1 和 f2 的值，即可求出下一个数，即 f1=f2;f2=f3; f3=f1+f2。

【例5.10】　计算棋盘上的麦粒。

在印度有一个古老的传说：国王打算奖赏有功的宰相。国王问宰相想要什么，他对国王说："陛下，请您在国际象棋的棋盘的第1个小格里，赏给我1粒麦粒，在第2个小格里给2粒，在第3个小格里给4粒，像这样，后面一格里的麦粒数量总是前面一格里的麦粒数的2倍。请您把这样摆满棋盘上所有的64格的麦粒，都赏给我吧！"

国王觉得这要求太容易满足了，于是令人扛来一袋麦子，可很快就用完了。当人们把一袋一袋的麦子搬来开始计数时，国王才发现：就是把全印度的麦子全拿来，也满足不了宰相的要求。

那么，宰相要求得到的麦粒到底有多少呢？若体积为 $1m^3$ 的麦粒约为 $1.42×10^8$ 粒，编程计算宰相要求得到的麦粒体积。

程序如下：

```
1   #include <stdio.h>
2   int main()
3   {
4       int i;
5       double t;                  /*定义共需麦粒t立方米*/
6       double s = 0;              /*累加器初始化*/
```

```
7          double n = 1;                        /*加数初始化*/
8          for(i=1; i<=64; i++)                 //重复 64 次
9              {
10               s += n;                          /*累加*/
11               n *= 2;                          /*n=n*2，在前一个 n 的基础上再乘以 2*/
12               }
13          t = s / (1.42*100000000);            /*计算麦粒体积*/
14          printf("共需%.0lf 立方米的麦粒! \n",t);
15          return 0;
16      }
```

程序运行结果：

共需129906648406 立方米的麦粒!

程序分析如下。

根据题意，第 1 格放麦粒 2^0 粒，第 2 格放麦粒 2^1 粒，第 3 格放麦粒 2^2 粒，……，第 64 格放麦粒 2^{63} 粒。假设 64 个格子里共放麦粒数量为 s，则：

$$s = 2^0 + 2^1 + 2^2 + \cdots + 2^{63}$$

设其体积为 t，则：

$$t = s / (1.42 \times 10^8)$$

要计算 s 的值，需要 s 从 0 开始累加 64 次，而且每次累加的加数 n（棋盘上每格中的麦粒数）都是上一个加数的 2 倍。因此我们可以使用 for 循环语句来编程解决该问题。

在此，需要特别注意变量 n、s、t 的数据类型。因为越到后面每格中的麦粒数量就越多，第 64 格中的麦粒数为 2^{63}，远远超出了 C 语言中长整型数的最大值（$2^{31}-1$）。在计算机中，我们把一个数据的实际值大于计算机可以保存和处理的该类型数据的最大值的情况称为溢出，编程过程中要避免数据溢出的情况发生。

为了避免数据溢出，我们需要把变量 n、s、t 定义为最大可以处理 308 位数字的双精度浮点型（double）。

5.1.4　3 种循环语句比较

前面介绍了 3 种可用于执行循环操作的语句，这 3 种循环都可用来解决同一问题。一般情况下这 3 种语句可以相互代替。下面是对这 3 种循环语句在不同情况下的比较。

（1）对于 while 循环和 do…while 循环，循环体中应包括使循环趋于结束的语句；for 循环可以在表达式 3 中包含使循环趋于结束的操作，可以设置将循环体中的操作全部放在表达式 3 中。因此，for 语句功能最强。

（2）用 while 循环和 do…while 循环时，循环变量初始化的操作应在 while 和 do…while 语句之前完成，而 for 语句可以在表达式 1 中实现循环变量的初始化。

（3）当明确知道循环次数时，多使用 for 循环，这样编程会相对简便一些。

（4）while 循环、do…while 循环和 for 循环都可以用 break 语句跳出循环，用 continue 语句结束本次循环（这部分知识将在 5.3 节中进行介绍）。

5.2　循环嵌套

一个循环结构的循环体内又包含另外一个完整的循环结构，称为循环的嵌套。内嵌的循环中还可以嵌套循环，这就是多层循环。嵌套在循环体内的循环体称为内循环，外面的循环称为外循环。在某些具有规律性重复计算的问题中，如果被重复计算部分的某个局部又包含着另外的重复计算问题，就可以通过循环的嵌套结构来处理。前面讨论过的 3 种循环控制结构 while、do…while 和 for 都可以相互嵌套，层数不限。

表 5-1 列出的是常见的几种合法的两层嵌套结构。

表 5-1　常见的合法的两层嵌套结构

嵌套结构	代码	嵌套结构	代码	嵌套结构	代码

for 和 while 嵌套	for(;;)
	{…
	　while()
	　　{…}
	　…
	}
		while 嵌套	while()
			{…
			　while()
			　　{…}
			　…
			}
				do…while 和 for 嵌套	do
					{…
					　for(;;)
					　　{…}
					　…
					}while();

do…while 嵌套	do
	{…
	　do
	　{
	　…
	　} while()
	}while();
		while 和 for 嵌套	while()
			{…
			　for(;;)
			　　{…}
			　…
			}
				for 和 do…while 嵌套	for(;;)
					{…
					　do
					　{
					　…
					　} while()
					}

for 嵌套	for(;;)
	{…
	　for(;;)
	　　{…}
	}
		while 和 do…while 嵌套	while()
			{…
			　do
			　{
			　…
			　} while()
			}
				for、do…while 和 while 嵌套	for(;;)
					{…
					　do
					　{…
					　}while();
					　…
					　while()
					　{…
					　　}
					　…
					}

多层循环嵌套时，外层循环每执行一次，内层循环就完整执行一遍。程序设计时要注意程序内每个语句的具体执行次数和每次执行后各变量值的相应变化。为了避免在多层循环的程序段中发生预想不到的错误，各层循环的控制变量一般不应相同。

【例 5.11】输出图 5-4 所示图形。

```
    *
   ***
  *****
 *******
```

图 5-4　例 5.11 图形

程序如下：

```
1    #include"stdio.h"
2    int main()
3    {
4        int  k, k1;
5        for(k=1;k<=4;k++)
6        {
7            for(k1=k;k1<4;k1++)
8                putchar(' ');
```

```
9              for(k1=1;k1<=k*2-1;k1++)
10                 putchar('*');
11          putchar('\n');
12      }
13  return 0;
14  }
```

程序分析如下。

例 5.11 采用双重循环，一行行输出。

（1）第 5 行外循环，用 for 语句实现输出 4 行星号，行号用 k 表示。

（2）内循环第 7、8 行控制每行先输出 4-k 个空格。

（3）内循环第 9、10 行控制每行输出 2k-1 个星号。

（4）第 11 行控制每输出完一行光标要换行（\n）。

【例 5.12】 输出九九乘法表，如图 5-5 所示。

```
1*1= 1
2*1= 2   2*2= 4
3*1= 3   3*2= 6   3*3= 9
4*1= 4   4*2= 8   4*3= 12  4*4= 16
5*1= 5   5*2= 10  5*3= 15  5*4= 20  5*5= 25
6*1= 6   6*2= 12  6*3= 18  6*4= 24  6*5= 30  6*6= 36
7*1= 7   7*2= 14  7*3= 21  7*4= 28  7*5= 35  7*6= 42  7*7= 49
8*1= 8   8*2= 16  8*3= 24  8*4= 32  8*5= 40  8*6= 48  8*7= 56  8*8= 64
9*1= 9   9*2= 18  9*3= 27  9*4= 36  9*5= 45  9*6= 54  9*7= 63  9*8= 72  9*9= 81
```

图 5-5　九九乘法表

程序如下：

```
1   #include"stdio.h"
2   int main()
3   {
4       int  i,  j;
5       for(i=1;  i<=9;  i++)
6       {
7           for(j=1;  j<=i;  j++)
8               printf(" %d*%d= %-2d", i, j, i*j );
9           printf("\n");
10      }
11      return 0;
12  }
```

程序分析如下。

（1）第 4 行分别定义 i 和 j 两个变量，分别表示被乘数和乘数。

（2）第 5 行外循环控制被乘数 i 的取值范围从 1 到 9。

（3）第 7 行内循环控制乘数 j 的取值范围从 1 开始，到 j<=i 止。

（4）第 8 行每行输出 i 个算术式，%-2d 用于控制格式，整数占 2 位，左对齐。

（5）第 9 行控制内循环 j 值取完后，即 i 取下一个值前，要换行。

5.3　改变循环执行状态的语句

程序中的语句通常总是按顺序方向，或按语句功能所定义的方向执行的。如果需要改变程序的正常流向，可以使用改变循环执行状态的语句，使程序从其所在的位置转向另一处，常见的有 break 语句、continue 语句和 goto 语句。

5.3.1　break 语句——提前终止循环

break 语句只能用在 switch 语句或循环语句中，其作用是跳出 switch 语句或跳出本层循环，转去执行后面的程序。

break 语句的一般形式为：

```
break;
```

【例 5.13】求 300 以内能被 17 整除的最大的数。

程序如下：

```
1    #include "stdio.h"
2    int main()
3    {
4        int x,k;
5        for(x=300;x>=1;x--)
6            if(x%17==0) break;
7            printf("x=%d\n",x);
8        return 0;
9    }
```

程序运行结果：

```
x=289
```

程序分析如下。

例 5.13 是找出 300 以内能被 17 整除的最大数。

（1）第 5 行代码的 for 循环从最大上限值 300 开始，依次计算 x%17= =0，每循环一次 x 递减 1。

（2）第 6 行代码表示只要某一个 x 对 17 求余，结果为 0，就表示找到该数了，则用 break 强制退出循环，后面的数不再计算。

【例 5.14】输出 100 以内的素数。

程序如下：

```
1    #include<stdio.h>
2    #include"math.h"
3    int main()
4    {
5        int n,i,k;
6        for(n=2;n<=100;n++)
7        {   k=sqrt(n);          /*对 n 开算术平方根，也可用 n-1 或 n/2 */
8            for(i=2;i<=k;i++)
9            if(n%i==0)
10               break;
11           if(i>k)
12               printf("%4d",n);
13       }
14       putchar('\n');
15       return 0;
16   }
```

程序运行结果：

```
2    3    5    7   11   13   17   19   23   29   31   37   41   43   47   53   59   61   67   71   73   79   83
89   97
```

程序分析如下。

例 5.14 程序分为两步。第一步：设计外层循环，对 2～100 的所有正整数，逐个判断是否为素数。第二步：设计内层循环，判断某个正整数 n 为素数（素数是除了 1 和它自身外，不能被其他任何数整除的数）。即：若 n 不能被 2～$\sqrt{n}$（或 n/2，或 n-1）中所有整数整除，则 n 为素数。

5.3.2 continue 语句——提前结束本次循环

continue 语句可以结束本次循环，即不再执行循环体中 continue 语句之后的语句，转入下一次循环条件的判断与执行。注意：本语句只结束本层本次的循环，并不跳出循环。

continue 语句的一般形式为：

```
continue;
```

【例 5.15】 求 300 以内能被 17 整除的所有整数。

程序如下：

```
1    #include "stdio.h"
2    int main()
3    { int x;
4      for(x=1;x<=300;x++)
5      {
6          if(x%17!=0) continue;
7          printf("%d\t",x);
8      }
9      return 0;
10   }
```

程序运行结果：

```
17      34      51      68      85      102     119     136     153     170     187     204
221     238     255     272     289
```

程序分析如下。

例 5.15 要求找出 300 内能被 17 整除的所有整数，因此，在 1～300 范围内，需要依次进行 x%17 运算。第 6 行表示如果某一个数不能被 17 整除，则退出本次循环，说明该数不符合题目要求，就不能输出，即不能执行第 7 行代码。

注意

break 语句与 continue 语句执行流程分别如图 5-6 和图 5-7 所示。

图 5-6　break 语句执行流程图　　图 5-7　continue 语句执行流程图

程序每轮循环结束后所在位置如图5-8和图5-9所示。

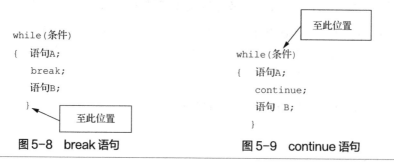

图5-8　break语句　　　　　　　　图5-9　continue语句

5.3.3　goto语句——提前终止多重循环

goto语句也被称为无条件转移语句，它的一般形式为：

```
goto 语句标号；
```

语句标号是按标识符规定书写的符号，放在某一语句行的前面，标号后加冒号，起到标识语句的作用。

goto语句的功能是改变程序流程。另外，标号必须与goto语句同处于一个函数中，但可以不在一个循环体中。通常goto语句与if语句结合构成循环结构，当满足某一条件时，程序跳到标号处执行。goto语句执行流程如图5-10所示。

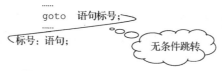

图5-10　goto语句执行流程图

【例5.16】用if语句和goto语句构成循环，求100以内的正整数之和。

程序如下：

```
1    #include "stdio.h"
2    int main()
3    {
4          int i,sum=0;
5          i=1;
6    loop: if(i<=100)
7          {
8                sum=sum+i;
9                i++;
10               goto loop;
11         }
12         printf("sum=%d\n",sum);
13   return 0;
14   }
```

程序运行结果：

```
sum=5050
```

程序分析如下。

例5.16用if语句和goto语句构造了一个循环。在第6行if语句前加上标号loop，当程序执行到第10行goto loop时，将无条件跳转到loop标记处，重新从if开始执行。

> **注意**
>
> 由于该方法强制改变了程序的默认执行流程，如果滥用 goto 语句或标号放错位置，会导致程序流程混乱，因此，一般限制使用 goto 语句，但不能绝对禁止使用。在退出多重循环嵌套时使用 goto 语句比较合理。goto 语句只能使流程在函数内部转移，不能转移到函数外部。

5.4 循环结构程序设计举例

5.4.1 穷举法

穷举法也称为"枚举法"，是一种人们常用的求解问题的方法。它求解问题的过程是：根据题目中的部分条件确定答案的范围，在此范围内对所有可能的情况一一列举，逐一进行验证，直到把可能的情况全部验证完，最终找出问题的全部答案。

穷举法的基本控制流程是循环处理的过程，它的实现包括通过设置变量来模拟问题中可能出现的各种状态，而后用循环语句实现穷举的过程。下面是穷举法的几个应用实例。

【例 5.17】 过年了，外婆给了桐桐 100 元压岁钱，桐桐想把它兑换成 50 元、20 元、10 元的小额钞票。请编写程序，帮桐桐算算共有多少种兑换方案，并输出每一种兑换方案。

问题分析：对于这个问题，我们可以使用枚举法来解决。假设兑换方案中 50 元、20 元、10 元的钞票张数分别是 a、b、c，则

$$50a+20b+10c=100$$

分析可知，a 的取值范围是 0~2，b 的取值范围是 0~5，c 的取值范围是 0~10，用 for 循环的嵌套枚举 a、b、c 所有的可能组合，对于每一种可能的组合，判断上面的等式是否成立，如果等式成立，这一种组合就是一种兑换方案。

程序如下：

```
1   #include <stdio.h>
2   int main()
3   {
4       int a,b,c,count=0;
5       for(a=0;a<=2;a++)              /*枚举50元钞票的可能张数*/
6           for(b=0;b<=5;b++)          /*枚举20元钞票的可能张数*/
7               for(c=0;c<=10;c++)     /*枚举10元钞票的可能张数*/
8                   if(50*a+20*b+10*c==100) /*判断是否为有效兑换组合*/
9                   {
10                      count++;
11                      printf("50:%d  20:%d  10:%d\n",a,b,c);
12                  }
13      printf("100元钱共有以上%d种兑换方案! \n",count);
14      return 0;
15  }
```

程序运行结果：

```
50:0  20:0  10:10
50:0  20:1  10:8
50:0  20:2  10:6
50:0  20:3  10:4
50:0  20:4  10:2
```

```
50:0  20:5  10:0
50:1  20:0  10:5
50:1  20:1  10:3
50:1  20:2  10:1
50:2  20:0  10:0
100 元钱共有以上 10 种兑换方案！
```

程序分析如下。

例 5.17 的程序代码用了三层 for 循环，第三层 for 循环语句的循环体 if 语句总共执行了 3×6×11=198 次。事实上，知道了 a 和 b，就可以通过公式计算出 c：

$$c=(100-50×a-20×b)/10（c\geqslant0）$$

因而，第三层 for 循环就不需要了，这样用来判断是否为有效兑换组合的 if 语句就只需执行 3×6=18 次，这样大大提高了程序的运行效率。

改进上例，改后代码如下：

```
1    #include <stdio.h>
2    int main()
3    {
4        int a,b,c,count=0;
5        for(a=0;a<=2;a++)                 /*枚举 50 元钞票的可能张数*/
6            for(b=0;b<=5;b++)             /*枚举 20 元钞票的可能张数*/
7            {
8                c=(100-50*a-20*b)/10;     /*对于每一组 a、b 组合，计算 c*/
9                if(c>=0)                  /*判断是否为有效的兑换组合*/
10               {
11                   count++;
12                   printf("50:%d 20:%d 10:%d\n",a,b,c);
13               }
14           }
15       printf("100 元钱共有以上%d 种兑换方案! \n",count);
16       return 0;
17   }
```

【例 5.18】 百钱买百鸡。

公鸡每只 5 元，母鸡每只 3 元，小鸡 3 只 1 元。用 100 元买 100 只鸡，问公鸡、母鸡、小鸡各可买多少只？设公鸡 x 只，母鸡 y 只，小鸡 z 只，可列出方程。

由于无法直接用代数方法解，我们可以用穷举法来解决问题。所谓穷举法就是将各种组合的可能性全部一个个地测试，检查它们是否符合给定的条件。将符合条件的组合输出即可。

程序如下：

```
1    #include"stdio.h"
2    int main()
3    {
4        int x,y,z;
5        printf("公鸡\t 母鸡\t 小鸡\n");
6        for(x=0;x<=100;x++)
7            for(y=0;y<=100;y++)
8            {
9                z=100-x-y;
10               if((5*x+3*y+z/3.0)==100)
11               printf("%d\t%d\t%d\n",x,y,z);
12           }
13       return 0;
14   }
```

程序运行结果:

公鸡	母鸡	小鸡
0	25	75
4	18	78
8	11	81
12	4	84

程序分析如下。

以上程序代码是正确的,但实际上 x、y 不需要从 0 变到 100。因为每只公鸡 5 元,100 元最多 20 只,但如果公鸡买 20 只,就买不了母鸡和小鸡了,不符合百钱买百鸡的要求,所以公鸡最多 19 只;同理,母鸡每只 3 元,100 元最多买 33 只。

因此,上例代码中的 for 嵌套可改为:

```
for(x=0;x<=19;x++)
        for(y=0;y<=33;y++)
```

修改后,程序运行结果一样,但修改后程序运行时间会短得多,运行前一个程序要执行内循环体 101×101=10201 次,而修改后程序只执行 20×34=680 次。

【例 5.19】 求水仙花数。

水仙花数是指一种三位正整数,它各位数字的立方和等于该数本身。编程将所有的水仙花数输出。并输出水仙花数的个数。

程序如下:

```
1    #include"stdio.h"
2    int main()
3    {
4        int i,n=0,a,b,c;
5        for(i=100;i<=999;i++)
6        {
7            a=i/100;
8            b=(i/10)%10;
9            c=i%10;
10           if(i==a*a*a+b*b*b+c*c*c)
11           {
12               n=n+1;
13               printf("%d\t",i);
14           }
15       }
16       printf("\n 个数=%d\n",n);
17       return 0;
18   }
```

程序运行结果:

```
153     370     371     407
个数=4
```

程序分析如下。

例 5.19 第 7~9 行实现对三位正整数的百、十、个位上数字的获取,如果满足条件,则在第 12 行代码统计总个数,并在第 13 行代码实现该数的输出;退出循环后,第 16 行实现总个数的输出。

5.4.2 递推法

递推法是计算机数值计算中的一个重要方法,它在已知第一项(或几项)的情况下,要求能得出后面项的值。这种方法的关键是找出递推公式和边界条件。

从已知条件出发，逐步推算出要解决的问题的结果的方法称为正推；从问题的结果出发，逐步推算出题目的已知条件，这种递推方法称为逆推。

【例 5.20】斐波那契（Fibonacci）数列问题：斐波那契是 13 世纪意大利一位很有才华的数学家，他在 1202 年出版的《计算之书》一书中，借助兔子繁殖问题引出了一个著名的递推数列，即斐波那契数列。

兔子问题：如果第一个月有一对兔子，从出生后第 3 个月起每个月都生一对兔子，小兔子长到第 3 个月后每个月又生一对兔子，若兔子都不死，问 n 个月后兔子总数为多少？

程序如下：

```
1    #include<stdio.h>
2    int main()
3    {   long f1,f2;
4        int i;
5        f1=f2=1;
6        for(i=1;i<=20;i++)
7        {    printf("%12ld %12ld",f1,f2);
8             if(i%2==0)
9                 printf("\n");           /*控制输出，每行 4 个*/
10                f1=f1+f2;                /*计算下一个项值，前两个月加起来赋值给第 3 个月*/
11                f2=f1+f2;                /*计算再下一个项值*/
12        }
13   return 0;
14   }
```

程序运行结果：

```
        1            1            2            3
        5            8           13           21
       34           55           89          144
      233          377          610          987
     1597         2584         4181         6765
    10946        17711        28657        46368
    75025       121393       196418       317811
   514229       832040      1346269      2178309
  3524578      5702887      9227465     14930352
 24157817     39088169     63245986    102334155
```

程序分析如下。

斐波那契数列的特点是第 1 项和第 2 项都是 1，从第 3 项开始，以后每一项值都是它相邻前两项的项值之和。以此类推，得出这个数列第 n 项的项值关系如下：

$$
\begin{cases}
f(1)=1 & (n=1) \\
f(2)=1 & (n=2) \\
f(n)=f(n-1)+f(n-2) & (n \geqslant 3)
\end{cases}
$$

设变量 f1、f2 和 f3，并为 f1 和 f2 赋初值 1，即前两项的值。使 f3=f1+f2 得到第 3 项；将 f2→新 f1，f3→新 f2，再求 f3=f1+f2 得到第 4 项，以此类推，一直到第 n 项。因此，得到一种通用的递推算式：f1=f1+f2；f2=f2+f1。

【例 5.21】猴子吃桃问题：猴子第 1 天摘下若干桃子，当即吃了一半，还不过瘾，又多吃了一个；第 2 天早上将剩下的桃子又吃掉一半，又多吃一个。以后每天早上都吃前一天剩下的一半零一个。到第 10 天早上想再吃时，只剩下一个桃子。求第一天共摘了多少个桃子？

程序如下：

```
1    #include<stdio.h>
2    int main()
3    {
4        int day,x,y;
5        day=9;x=1;
6        while(day>0)
7        {
8            y=2*x+2;
9            x=y;
10           day--;
11       }
12       printf("\n共有%d个桃子\n",y);
13       return 0;
14   }
```

程序运行结果：

共有 1534 个桃子

程序分析如下。

这个问题也是递推问题，它采用逆向思维方法，即逆推法，从最后一天向前推，从第 9 天，依次向前，一直推到第 1 天。假定第 $n+1$ 天桃子的个数为 x，第 n 天桃子的个数为 y，则 $y-(y/2+1)=x$，即 $y=2x+2$。

5.4.3　迭代法

迭代法也是计算机数值计算中的一种重要方法，这种方法是在程序中用同一个变量来存放每一次推出来的值，每次循环都执行同一条语句，给同一变量循环用新的值代替旧的值。

利用迭代法时要解决的问题：①确定迭代值，即从什么初值开始；②确定迭代过程，即如何迭代，解决迭代的公式；③确定迭代次数或条件，即到什么时候为止，分析出用来结束迭代过程的条件。

【例 5.22】　使用以下公式计算 π 的值，直到最后一项的绝对值小于 $1×10^{-6}$ 为止。

$$\frac{\pi}{4} \approx 1 - \frac{1}{3} + \frac{1}{5} - \frac{1}{7} + \cdots$$

程序如下：

```
1    #include<stdio.h>
2    #include "math.h"
3    int main()
4    {
5        int s;
6        float n,t,pi;
7        t = 1; pi = 0; n = 1; s = 1;
8        while((fabs(t)) >= 1E-6)          /* fabs(t)表示求浮点数 t 的绝对值 */
9        {       pi = pi + t;
10               n = n + 2;
11               s = -s;
12               t = s*1.0/n;
13       }
14       pi = pi * 4;
15       printf("pi=%10.6f\n",pi);
```

```
16    return 0;
17    }
```

程序运行结果：

```
pi= 3.141594
```

程序分析如下。

（1）第7行定义变量 t，表示每次加进一项，因首项为1，故 t=1；每项分子均为1；分母用 n 表示，赋初值为1。

（2）第10行代码 n=n+2 实现每项分母等于前一项分母加2。

（3）第11行表示每项符号交替变化，用 s = -s 实现，s 的初值为1（第一项为正）。

（4）第12行表示每一项的值 t = s*1.0/n，为符合语义，分子写为1.0。

在本例中，每循环一次，就将 t 累加到 pi 中，迭代公式为 pi = pi + t，循环结束后，t 中存放的就是级数的和。

注意数据类型问题，即 1/n 为整型，因此，结果为0，必须将其中一个改为实型。如果将 int n 改为 float n 则不利于循环，而将 1/n 改为 1.0/n 则可解决问题。

【例5.23】人口增长的求解问题：已知人口数为14亿，设人口数的年增长率为0.02%，问10年后人口数为多少？

程序如下：

```
1    #include<stdio.h>
2    int main()
3    {
4        int i;float x,r;
5        x=14;r=0.0002;
6        for(i=1;i<=10;i++)
7            x=x*(1+r);      /*增长率的迭代公式 printf("r=");
8        scanf("%f",&r);*/
9        printf("r=%f,x=%f\n",r,x);
10       return 0;
11   }
```

程序运行结果：

```
r=0.000200,x=14.028026
```

程序分析如下。

例5.23 把已知人口基数赋给 x 作为迭代初值，根据增长率换到迭代公式，10年是迭代的次数。

5.4.4　标记变量法

标记变量法指的是在程序设计中用某个变量的取值来对程序运行的状态进行标记。

【例5.24】判断一个正整数 x 是否为素数。

```
1    #include<stdio.h>
2    #include "math.h"
3    int main()
4    {
5        int   x,k,f=1;
6        scanf("%d",&x);
7        for(k=2;k<=sqrt(x);k++)
8            if(x%k==0)
9                {f=0;continue;}
10       if(f==1)
11           printf(" %d is a prime" ,x);
```

```
12        else
13            printf(" %d is not a prime" ,x);
14        return 0;
15  }
```

程序运行结果：

```
322✓
322 is not a prime
```

程序分析如下。

例 5.24 设定了一个标记变量 f，赋初值为 1。第 7～9 行通过循环将该数依次对 2～$\sqrt{x}$ 之间的数逐个求余，如果出现 x%k==0，则将标记 f 置为 0，说明该数不是素数；如果离开循环后，f 标记的值仍为 1，说明 x 是素数。

该题与例 5.13 比较，由于增加了标记变量 f，当 f 为 0 后，退出本次循环，减少了循环次数，增加了程序执行效率。

本章小结

（1）本章介绍了 C 语言实现循环结构控制的 while、do…while、for 3 种语句，while 语句和do…while 语句只有在一开始条件就不成立时才有区别。

① while 语句构成的循环又称为当型循环，它的一般形式为：

```
while(表达式)
    循环体语句;
```

② do…while 语句构成的循环又称为直到型循环，它的一般形式为：

```
do
    循环体语句;
while(表达式)
```

③ for 循环结构的一般形式为：

```
for(表达式1;表达式2;表达式3)
    循环体语句;
```

（2）本章介绍了循环的嵌套，在进行循环嵌套的程序设计时，一般外层循环控制整体，内层循环控制局部。

（3）本章介绍了改变循环执行状态的语句 break、continue 和 goto。

① break 语句的一般形式为：

```
break;
```

② continue 语句的一般形式为：

```
continue;
```

③ goto 语句也被称为无条件转移语句，它的一般形式为：

```
goto    语句标号;
```

（4）在 C 语言的循环结构程序设计时，如果循环次数是已知的，则常用 for 语句来控制循环；如果循环次数是未知的，常用 while 语句和 do…while 语句，使用条件来控制循环。这 3 种循环结构可以相互转化。

（5）难点：使用穷举法、递推法、迭代法和标记变量法解决进行循环结构程序设计时遇到的问题。

习题 5

班级＿＿＿＿＿　　姓名＿＿＿＿＿　　学号＿＿＿＿＿

一、选择题

1. 下列程序执行后输出为（　　　）。

```
#include <stdio.h>
int main()
{
    int m,n
    for(m=10,n=0;m=0;n++,m--)
        ;
    printf("n=%d\n",n);
}
```

   A．程序无限循环无输出　　　　　　　　B．n=10

   C．n=1　　　　　　　　　　　　　　　D．n=0

2. 执行语句 for(i=1;i++<4;);后，变量 i 的值是（　　　）。

   A．3　　　　　　B．4　　　　　　C．5　　　　　　D．不定

3. 以下程序运行结果为（　　　）。

```
#include"stdio.h"
int main()
{
    int i,j,x=0;
    for(i=0;i<2;i++);
    {
        x++;
        for(j=0;j<=3;j++)
        {
            if(j%2)
            {continue;}
            x++;
        }
        x++;
    }
    printf("x=%d\n",x);
    return 0;
}
```

   A．x=4　　　　　　B．x=8　　　　　　C．x=6　　　　　　D．x=12

4. 以下程序运行结果为（　　　）。

```
#include"stdio.h"
int main()
{
    int i;
    for(i=1;i<6;i++)
    {
        if(i%2)
        {
            printf("#");
            continue;
        }
        printf("*");
```

```
    }
    printf("\n");
    return 0;
}
```

　　A. #*#*#　　　　　　　B. ####　　　　　　C. *****　　　　　D. *#*#*

5. 以下程序运行结果为（　　　）。

```
#include"stdio.h"
int main()
{
    int i,sum;
    for(i=1;i<=3;sum++)
        {sum+=i;}
    printf("%d\n",sum);
    return 0;
}
```

　　A. 6　　　　　　　　　B. 3　　　　　　　　C. 死循环　　　　　D. 0

6. 以下程序运行结果为（　　　）。

```
#include"stdio.h"
int main()
{
    int x=23;
    do
    {
        printf("%d\n",x--);
    }while(!x);
    return 0;
}
```

　　A. 321　　　　　　　　　　　　　　　B. 23
　　C. 不输出任何内容　　　　　　　　　D. 陷入死循环

7. 以下程序的循环执行次数是（　　　）。

```
#include"stdio.h"
int main()
{
    int k=0;
    while(k=1)
        k++;
    return 0;
}
```

　　A. 无限次　　　　　　　　　　　　　B. 有语法错误，不能执行
　　C. 一次也不执行　　　　　　　　　　D. 执行一次

8. 以下程序运行结果为（　　　）。

```
#include"stdio.h"
int main()
{
    int x=3;
    do
    {  printf("%d\n",x-=2);
    }while(!(x--));
    return 0;
}
```

A. 1　　　　　　B. 30　　　　　　C. 1~2　　　　　　D. 陷入死循环

9. 运行下面的程序后，a 的值为（　　　）。

```
#include"stdio.h"
int main()
{
    int a,b;
    for(a=1,b=1;a<=100;a++)
    {
        if(b%3==1)
        {
            b+=3;
            continue;
        }
        b-=5;
    }
    printf("%d",a);
    return 0;
}
```

A. 99　　　　　　B. 100　　　　　　C. 101　　　　　　D. 陷入死循环

10. 以下程序循环的次数是（　　　）。

```
#include"stdio.h"
int main()
{
    int k=0;
    while(k<10)
    {
        if(k<1)
        {continue;}
        if(k==5)
        {break;}
        k++;
    }
    return 0;
}
```

A. 5　　　　　　B. 6　　　　　　C. 4　　　　　　D. 死循环

11. 运行以下程序，输出 10 个整数，则应在横线处填入的数是（　　　）。

```
for(i=0;i<=_____;)
{printf("%d\n",i+=2);}
```

A. 9　　　　　　B. 10　　　　　　C. 18　　　　　　D. 20

12. 以下程序运行结果为（　　　）。

```
int i=10,j=0;
do
{
    j=j+i;
    i--;
}while(i>5);
printf("%d\n",j);
```

A. 45　　　　　　B. 40　　　　　　C. 34　　　　　　D. 55

二、读程序写结果

1. 以下程序的输出结果是_____。

```
#include<stdio.h>
```

```
int main()
{
    int i=3;
    while(i<10)
    {
        if(i<6)
        {
                    i+=2;
        continue;
        }
        else
        printf("%d",++i);
    }
}
```

2. 以下程序的输出结果是_____。

```
#include<stdio.h>
int main()
{
    int i=0;
    for(;;)
            if(i++==5)
                    break;
    printf("%d\n",i);
}
```

3. 以下程序的输出结果是_____。

```
#include"stdio.h"
int main()
{
    int i=0,j=1;
    do
    {   j+=i++;
    }while(i<4);
    printf("%d\n",i);
    return 0;
}
```

4. 以下程序的输出结果是_____。

```
#include"stdio.h"
int main()
{
    int x=1,total=0,y;
    while(x<=10);
    {  y=x*x;
      total+=y;
      ++x;}
    printf("total is %d\n",total);
    return 0;
}
```

5. 以下程序的输出结果是_____。

```
#include"stdio.h"
int main()
{
    int x=0,y=0,i,j;
    for(i=0;i<2;i++)
```

```
    {
            for(j=0;j<3;j++)
                    x++;
                    x-=j;
    }
    y=i+j;
    printf("x=%d,y=%d",x,y);
    return 0;
}
```

6. 以下程序的输出结果是_____。

```
#include"stdio.h"
int main()
{
    int x=0,y=0,i,j;
    for(i=0;i<2;i++)
    {
            for(j=0;j<3;j++)
                    x++;
                    x-=j;
    }
    y=i+j;
    printf("x=%d; y=%d",x,y);
    return 0;
}
```

7. 以下程序的输出结果是_____。

```
#include"stdio.h"
int main()
{
    int i=2;
    while(i--)
        printf("%d\n",i);
    return 0;
}
```

8. 以下程序的输出结果是_____。

```
#include"stdio.h"
int main()
{
    int i=1000,s=0;
    while(i++<=10)
        s+=i;
    printf("%d,%d",i,s);
    return 0;
}
```

9. 以下程序的输出结果是_____。

```
#include"stdio.h"
int main()
{
    int i=2;
    while(i--)
        printf("%d,",i);
    printf("%d",i);
    return 0;
}
```

三、填空题

1. 下面程序计算数列之和 sum=n-n/2+n/3-n/4+…-n/100，填空完成程序。

```c
#include<stdio.h>
int main()
{
float sum=0;
int n,sign=1,i;
printf("请输入整数n: ");
scanf("%d",&n);
for(i=1;i<=100;i++)
{
    sum+=sign*n*1.0/i;
    _____;
    }
prinft("%.2f",sum);
}
```

2. 下面程序实现计算 1+(1+2)+(1+2+3)+…+(1+2+3+…+20)，填空完成程序。

```c
#include<stdio.h>
int main()
{
    int total,sum,m,n;
    total=0;
    for(m=1;m<=20;m++)
      {
          sum=0;
          for(n=1;_____;n++)
          sum=sum+n;
          _____;
       }
       printf("total=%d\n",total);
}
```

3. 下面程序的功能是输出整数[1,2000]中满足条件"个位数字的立方等于其本身"的所有数，填空完成程序。

```c
#include<stdio.h>
int main()
{
    int i,gewei;
    for(i=1;i<2000;i++)
    {
        gewei=_____;
        if(_____)
            printf("%8d",i);
    }
    putchar("\n");
}
```

4. 下面程序的功能是统计输入字符串中数字字符的个数，填空完成程序。

```c
#include<stdio.h>
int main()
{
        int x;
        int num=0;
        while((x=getchar())!=_____)
```

```
    {
        if(x<'0'‖x>'9')
            continue;
        _____;
    }
    printf("数字个数为: %d\n",num);
```

四、编程题

1. 编程求 $S=1!+2!+3!+\cdots+20!$。

2. 编程输出图 5-11 所示图案。

（1）   （2）

图 5-11　编程输出图案

3. 一个富翁与一个学者达成换钱的协议。学者说：每一天我都给你 10 万元，第 1 天你只需给我 1 分钱；第 2 天只需给我 2 分钱；第 3 天给我 4 分钱……你每天给我的钱是前一天的两倍，直到满 30 天，富翁很高兴，欣然同意了。请编程计算 30 天后，每人各得多少钱。

4. 编程输出由数字组成的图 5-12 所示金字塔图案。

```
                1
               222
              33333
             4444444
            555555555
           66666666666
          7777777777777
         888888888888888
        99999999999999999
```

图 5-12　金字塔图案

第 6 章

数组

本章导读

数组是 C 语言的一种数据类型。使用数组可以对大量的同类型数据进行处理。本章主要介绍数组的概念、定义和简单应用，具体包括一维、二维数组的定义和使用，字符数组的应用及字符串处理函数。

6.1　数组的概念

在前面的数据类型中，已经介绍过简单的基本数据类型。在实际的程序设计中，常常需要处理大量相同类型的数据，如某门功课每个学生的成绩记录，多个相同类型数据的排序等。这类数据在 C 语言中可以通过数组来表示。

数组就是具有相同数据类型的数据的有序集合，它不同于前面介绍的基本数据类型，它是一种构造数据类型。数组中的每个数据称为数组元素，数组的每一个元素具有相同的数据类型（可以是基本数据类型或是构造类型）。按数组元素的类型不同，数组又可分为数值数组、字符数组、指针数组、结构数组等各种类别。数组元素在数组的位置由下标来确定，需要一个下标就可确定数组元素位置的数组为一维数组、需要两个下标才可确定数组元素位置的数组为二维数组、需要 n 个下标可确定数组元素位置的数组为 n 维数组。

6.2　一维数组

一维数组是指只有一个下标的数组元素所组成的数组，数组中的元素都具有相同的数据类型，因此数组元素的引用比较方便。

6.2.1　一维数组的定义

一维数组的定义方式为：

```
类型说明符 数组名[常量表达式];
```

例如：

```
int grade[30];
```

说明如下。

（1）类型说明符：表示数组元素具有的数据类型，可以是基本数据类型（如 int、float、double、char 等），也可以是后面要介绍的构造数据类型。例子中的数组表示每个元素都是整数类型。

（2）数组名：表示数组元素的统一名字，用于标识数组。它的命名规则遵循标识符的规则。如例子中的 grade 就是定义的数组的数组名。

（3）常量表达式：表达式的值表示数组中所包含的元素的个数，即数组的长度。如例子中的 30 表示数组 grade 包含 30 个元素。在 C 语言中不允许对数组进行动态定义，数组的大小不会随着程序运行中的变化而改变。

例如，下面两种是错误的定义。

```
① int m;
   scanf("%d",&m);
   float a[m];
② int n;
   n=30;
   float a[n];
```

而下面这样的定义是允许的：

```
#define n 30        /*使用了宏定义，用符号名表示一个常量*/
...
float a[n];
```

（4）相同类型的数组和变量可以在同一个类型说明符下一起说明，互相用“,”隔开。例如：

```
int a[4],b[5],c[6],e;
```

（5）数组名不能与变量名相同。

6.2.2 一维数组元素的引用

数组元素是组成数组的基本单元。数组元素也是一种变量，其标识方法为数组名后跟一个下标。下标表示了元素在数组中的顺序号。数组元素的一般形式为：

数组名[下标]

其中的下标只能为整型常量或值为整型类型的表达式。C 语言中，规定下标从 0 开始，对下标的上界未作规定。例如，a[5]、a[i+j]、a[i++]都是合法的数组元素。

数组元素通常也称为下标变量。必须先定义数组才能使用下标变量。在 C 语言中只能逐个地使用下标变量，而不能一次引用整个数组。

6.2.3 一维数组的初始化

在定义数组时，系统只是根据元素的类型和数组的大小在内存中为其分配连续存储空间，并不清除这些空间中原有的值。所以在使用数组之前，必须通过一定方式改变数组中原来的值，使其变为所需要的值。

要达到这样的目的，一般有两种方法：一种是在定义数组的同时赋初值（初始化），另一种是在程序运行过程中给数组元素赋值。

数组初始化是在编译阶段进行的。这样将减少运行时间，提高效率。

初始化的一般形式为：

类型说明符 数组名[常量表达式]={值,值,...,值};

例如：

```
int a[10]={0,1,2,3,4,5,6,7,8,9};
```

相当于

```
a[0]=0;a[1]=1;...;a[9]=9;
```

C 语言对数组的初始赋值还有以下几点规定。

（1）可以只给部分元素赋初值。当"{}"中值的个数少于元素个数时，只给前面部分元素赋值。例如：

```
int a[10]={0,1,2,3,4};
```

表示只给 a[0]~a[4]这 5 个元素赋值，而后 5 个元素的值为 0。

（2）只能给元素逐个赋值，不能给数组整体赋值。例如要将数组的 10 个元素的值全部初始化为 1，只能写为：

```
int a[10]={1,1,1,1,1,1,1,1,1,1};
```

而不能写为：

```
int a[10]=1;
```

（3）若给全部元素都进行了初始化赋值，则在数组说明中可以不给出数组元素的个数。

例如：

```
int a[5]={1,2,3,4,5};
```

可写为：

```
int a[]={1,2,3,4,5};
```

（4）当数组指定的元素个数少于初始化值的个数时，作为语法错误处理。

例如，int a[4]={1,2,3,4,5}; 是不合法的，因为数组 a 只能有 4 个元素。

【例 6.1】将数字 1~10 存入一个整型数组 a 中，并输出。

程序如下：

```
1    #include <stdio.h>
2    #include <stdlib.h>
3    int main()
4    {
5        int a[10];
6        int i;
7        for(i=0;i<10;i++)
8        {
9            a[i]=i+1;
10           printf("%d ",a[i]);
11       }
12       system("pause");
13       return 0;
14   }
```

程序运行结果：

1 2 3 4 5 6 7 8 9 10

程序分析如下。

（1）第2行用 include 命令包含文件"stdlib.h"。

（2）第5行定义了一个有10个元素的数组 a。

（3）第7～11行通过循环对数组的各个元素赋值和输出，其中第9行对数组元素赋值，第10行输出数组元素的值。

（4）第12行的作用就是让程序暂停一下，以便查看运行结果（程序的开头必须有第2行的内容，否则 system("pause");无效）。

6.2.4 一维数组的存储

一维数组的各元素按下标的顺序依次存储在一片连续的存储空间中。空间的大小与数组类型有关，为元素的个数乘以每一个元素所占的空间。

如 int a[10];的空间为 10*sizeof(int)，该数组的内存空间的结构如图 6-1 所示。

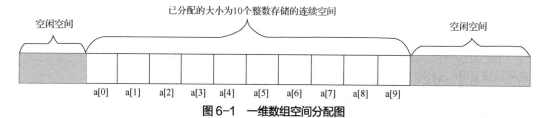

图6-1 一维数组空间分配图

6.2.5 一维数组的应用

【例 6.2】用数组的方式计算斐波那契数列的前 20 项并输出（每行输出 5 个数）。

程序如下：

```
1    #include <stdio.h>
2    #include <stdlib.h>
3    int main()
4    {
5        int i;
6        int f[20]={1,1};
7        for(i=2;i<20;i++)
8            f[i]=f[i-2]+f[i-1];
9        for(i=0;i<20;i++)
10       {
```

```
11              if(i%5==0) printf("\n");
12              printf("%6d",f[i]);
13          }
14          system("pause");
15          return 0;
16      }
```

程序运行结果：

```
    1    1    2    3    5
    8   13   21   34   55
   89  144  233  377  610
  987 1597 2584 4181 6765
```

程序分析如下。

（1）在第 6 行定义了一个有 20 个元素的数组 f，用于保存斐波那契数列的前 20 项的值，并对前两个元素分别初始化为 1。

（2）第 7～8 行通过循环逐个计算数组 f 的各个元素的值。

（3）第 9～13 行通过循环输出每项的值，其中第 11 行控制每行输出 5 个数。

【例 6.3】 输入 1000 个学生的成绩，输出高出平均成绩的成绩。

程序如下：

```
1   #include <stdio.h>
2   #include <stdlib.h>
3   #define SNUM 1000
4   int main()
5   {
6       int i,score[SNUM],sum=0;
7       float ave;
8       printf("请输入学生成绩: \n");
9       for(i=0;i<SNUM;i++)
10      {
11          scanf("%d",&score[i]);
12          sum+=score[i];
13      }
14      ave=(float)sum/SNUM;
15      for(i=0;i<SNUM;i++)
16      {
17          if(score[i]>ave)
18              printf("%d ",score[i]);
19      }
20      system("pause");
21      return 0;
22  }
```

程序运行结果：由于数据比较多，省略。

程序分析如下。

（1）第 3 行定义一个符号常量 SNUM，表示学生人数。

（2）第 6 行中定义了整型数组 score 来保存 SNUM 个学生的成绩，它有 SNUM 个元素。

（3）第 9～13 行通过循环从键盘输入各个成绩并求成绩的和。

（4）第 14 行求平均成绩。

（5）第 15～19 行通过循环将每个成绩与平均成绩进行比较，满足条件的成绩就输出。

【例 6.4】 输入 10 个整数数据，输出其中的最大值。

程序如下：

```
1   #include<stdio.h>
```

```
2    #include <stdlib.h>
3    int main()
4    {
5        int i,max,a[10];
6        printf("请输入10个整数: \n");
7        for(i=0;i<10;i++)      /*通过 for 循环语句对数组 a 的各个元素赋值*/
8        {
9            printf("请输入第%d个数: ",i+1);
10           scanf("%d",&a[i]);
11       }
12       max=a[0];    /*假设最大值是 a[0]*/
13       for(i=0;i<10;i++)
14           if(a[i]>max)
15               max=a[i];  /*当后面的元素值比 max 大的时候, max 的值改变*/
16       printf("最大值是: %d",max);
17       system("pause");
18       return 0;
19   }
```

程序运行结果：

请输入10个整数:

请输入第1个数: 54↙

请输入第2个数: 65↙

请输入第3个数: 34↙

请输入第4个数: 67↙

请输入第5个数: 45↙

请输入第6个数: 98↙

请输入第7个数: 67↙

请输入第8个数: 90↙

请输入第9个数: 65↙

请输入第10个数: 89↙

最大值是: 98

程序分析如下。

（1）第 5 行定义了一个包含 10 个元素的一维数组来接收输入的 10 个数据，使用变量 max 来表示数据中的最大值。

（2）第 12 行假定第一个元素为最大值 max。

（3）第 13～15 行通过循环将数组后面的各个元素和 max 进行比较，有元素比 max 大时，用该元素的值来代替 max 原来的值，直到比较结束，max 的值即为 10 个数中最大的。

（4）第 16 行输出最大值 max。

【例 6.5】 输入 10 个整数，按从大到小的顺序输出。

排序算法很多，如比较排序法、选择排序法、冒泡排序法等。

比较排序法：比较排序法的基本思路是以第一个数据作为基点，将后面的所有数据与它进行比较，若不满足大小顺序关系就交换它们；再以第二个数据作为基点，将后面的所有数据与它进行比较，若不满足大小顺序关系就交换它们……最后以倒数第二个数据作为基点，将后面的数据与它进行比较，若不满足大小顺序关系就交换它们。

选择排序法：选择排序法的基本思路是以第一个数据作为基点，找出基点及其后面数据中最小的数据，将其与基点位置的数据交换；再以第二个数据作为基点，找出基点及其后面数据中最小的数据，将其与基点位置的数据交换……最后以倒数第二个数据作为基点，找出基点及其后面数据中最小的数据，将其与基点位置的数据交换。

冒泡排序法：冒泡排序法的基本思路是将相邻的两个数比较，把小的调换到前面。

下面以比较排序法为例介绍，程序如下：

```
1   #include<stdio.h>
2   #include <stdlib.h>
3   #define M 10
4   int main()
5   {
6       int i,j,k,a[M];
7       printf("请输入 10 个整数: \n");
8       for(i=0;i<M;i++)        /*通过 for 循环语句对数组 a 的各个元素赋值*/
9       {
10          printf("请输入第%d个数: ",i+1);
11          scanf("%d",&a[i]);
12      }
13      printf("排序前的数据是: \n");
14      for(i=0;i<M;i++)
15          printf("%d ",a[i]);
16      for(i=0;i<M-1;i++)
17      {
18          for(j=i+1;j<M;j++)
19              if(a[i]<a[j])
20              {
21                  k=a[i];a[i]=a[j];a[j]=k;
22              }
23      }
24      printf("\n 排序后的数据是: \n");
25      for(i=0;i<M;i++)
26          printf("%d ",a[i]);
27      system("pause");
28      return 0;
29  }
```

程序运行结果：

```
请输入 10 个整数:
请输入第 1 个数: 234✓
请输入第 2 个数: 565✓
请输入第 3 个数: 23✓
请输入第 4 个数: 56✓
请输入第 5 个数: 78✓
请输入第 6 个数: 98✓
请输入第 7 个数: 342✓
请输入第 8 个数: 78✓
请输入第 9 个数: 876✓
请输入第 10 个数: 4✓
排序前的数据是:
234 565 23 56 78 98 342 78 876 4
排序后的数据是:
876 565 342 234 98 78 78 56 23 4
```

程序分析如下。

（1）第 3 行定义了一个符号常量 M。

（2）第 8~12 行通过循环对数组元素进行赋值。

（3）第 16~23 行对数组元素进行排序，其中第 16 行控制基点元素的下标，第 18 行控制基点后面元素的下标，第 19 行控制基点元素与基点后面元素进行比较，第 21 行对不满足大小关系的元素进行交换。

请读者自己写出选择排序法、冒泡排序法的程序。

6.3 二维数组

利用一维数组可以解决"一组"相关数据的处理，而对于"多组"相关数据的处理就无能为力了。如对于多个学生的成绩表格，即一个学生有多门课程，某门课程有多个学生，其描述的表格就是一个二维表格，另外矩阵的运算也是一个二维表格。在程序设计中，可以使用二维数组来进行二维表格的处理。"二维数组"是指由两个下标的数组元素所组成的数组。如果数组元素有三个下标，称为"三维数组"。只要数组下标为两个以上的，我们都称其为"多维数组"。一般程序设计中主要以二维数组为主，如果要处理多维数组，可以使用二维数组的方式进行推广。

6.3.1 二维数组的定义

二维数组的定义方式为：

```
类型说明符 数组名[常量表达式1] [常量表达式2];
```

例如，存放 30 个学生的数学、物理、英语 3 门功课成绩，用二维数组进行定义：

```
int grade[30][3];
```

说明如下。

（1）类型说明符表示数组元素具有的数据类型，可以是 int、short、long、unsigned、float、double、char 等。其数组名为 grade。

（2）常量表达式 1、常量表达式 2 的值类型为整型或字符型。

（3）常量表达式 1 表示行数，常量表达式 2 表示列数，常量表达式 1×常量表达式 2 表示数组中所包含的元素的个数。如数组 grad 有 30×3=90 个元素，可存放 30 个学生的 3 门课程的成绩。

6.3.2 二维数组元素的引用

二维数组元素的引用格式为：

```
数组名[下标表达式1] [下标表达式2];
```

其中，下标表达式 1、下标表达式 2 可以是整型常量或整型表达式，如 a[3][2]、b[i][j]、c[i+2][j*2] 等形式都是被允许使用的。

其实二维数组和一维数组的引用方式的使用规则都是相似的。与一维数组一样，二维数组的下标也从 0 开始算起。因此，对一个二维数组 a[m][n]来说，它的数组元素的行下标最大值为 m-1，列下标最大值为 n-1。

引用二维数组元素与引用一维数组元素、普通的基本型变量的方法一样，在使用中只能逐个引用数组元素而不能一次引用整个数组。

6.3.3　二维数组的初始化

二维数组与一维数组一样，可以对二维数组的元素进行赋值或者初始化。数组在定义后，它所占有的存储单元中的值是不确定的，引用数组元素之前，必须保证数组的元素已有确定的值。二维数组的初始化方法有以下几种。

1．分行赋初值

例如：

```
int s[3][4]={{1,2,3,4},{5,6,7,8},{9,10,11,12}};
```

即把第一对花括号内的值依次赋给 s 数组第一行的各列元素，把第二对花括号内的值依次赋给 s 数组第二行的各元素……以此类推。

2．按行连续赋初值

由于二维数组在计算机里是按一维数组存储的，所以也可以仿照一维数组初始化的方式，按行依次罗列出二维数组需要赋值的所有元素。

例如：

```
int s[3][4]={1,2,3,4,5,6,7,8,9,10,11,12};
```

上述两种赋值方式结果完全相同，但相比之下前一种方式更加清晰，有助于程序的阅读。

C 语言中，对二维数组初始化时应注意以下几点。

（1）对全部元素赋初值，可以省略第一维的长度。

例如：

```
int s[][4]={1,2,3,4,5,6,7,8,9,10,11,12};
```

（2）可以只对部分元素赋初值，未赋初值的元素自动取 0 值。

例如：

```
int s[][4]={{1,2},{5},{9,10}};
```

它相当于

```
int s[][4]={{1,2,0,0}, {5,0,0,0}, {9,10,0,0}};
```

6.3.4　二维数组的存储

内存在表示数据时只能按照线性方式存放。二维数组中各元素存放到内存中时也只能按线性方式存放。二维数组的各元素存放在一片连续的存储空间中，空间的大小为元素个数乘以每一个元素所占的空间。

C 语言规定，二维数组中的元素在存储时要先存放第一行的数据，再存放第二行的数据，以此类推，每行数据按下标规定的顺序由小到大存放。

例如，数组 int a[4][5];元素的存储顺序如图 6-2 所示。

$$a[0][0] \rightarrow a[0][1] \rightarrow a[0][2] \rightarrow a[0][3] \rightarrow [0][4] \rightarrow$$
$$a[1][0] \rightarrow a[1][1] \rightarrow a[1][2] \rightarrow a[1][3] \rightarrow [1][4] \rightarrow$$
$$a[2][0] \rightarrow a[2][1] \rightarrow a[2][2] \rightarrow a[2][3] \rightarrow [2][4] \rightarrow$$
$$a[3][0] \rightarrow a[3][1] \rightarrow a[3][2] \rightarrow a[3][3] \rightarrow [3][4]$$

图 6-2　int a[4][5];元素的存储顺序

6.3.5　二维数组的应用

【例 6.6】 从键盘上输入一个 3 行 3 列矩阵的各个元素的值，然后输出主对角线元素之和。

程序如下：

```
1    #include <stdio.h>
```

```
2    #include <stdlib.h>
3    int main()
4    {
5        int a[3][3];
6        int i,j,sum=0;
7        for(i=0;i<3;i++)
8        {
9            for(j=0;j<3;j++)
10           {
11               printf("请输入第%d行、第%d列的元素的值: ",i+1,j+1);
12               scanf("%d",&a[i][j]);
13           }
14       }
15       for(i=0;i<3;i++)
16           sum=sum+a[i][i];
17       printf("主对角线元素之和是: %d\n",sum);
18       system("pause");
19       return 0;
20   }
```

程序运行结果：

请输入第1行、第1列的元素的值: 34✓
请输入第1行、第2列的元素的值: 65✓
请输入第1行、第3列的元素的值: 7✓
请输入第2行、第1列的元素的值: 34✓
请输入第2行、第2列的元素的值: 67✓
请输入第2行、第3列的元素的值: 54✓
请输入第3行、第1列的元素的值: 67✓
请输入第3行、第2列的元素的值: 54✓
请输入第3行、第3列的元素的值: 65✓
主对角线元素之和是: 166

程序分析如下。

（1）第5行定义一个二维数组 a 来保存矩阵的各个元素。

（2）第7～14行通过循环来对数组的各个元素进行赋值。

（3）第15～16行求矩阵的主对角线上的元素之和。

【例6.7】 求矩阵的转置，如图6-3所示。

$$\begin{pmatrix} 1 & 2 & 3 & 4 \\ 5 & 6 & 7 & 8 \\ 9 & 10 & 11 & 12 \end{pmatrix} \qquad \begin{pmatrix} 1 & 5 & 9 \\ 2 & 6 & 10 \\ 3 & 7 & 11 \\ 4 & 8 & 12 \end{pmatrix}$$

转置前　　　　转置后

图6-3　转置矩阵

程序如下：

```
1    #include <stdio.h>
2    #include <stdlib.h>
3    #define M 3
4    #define N 4
5    int main()
6    {
```

```
7        int a[M][N]={1,2,3,4,5,6,7,8,9,10,11,12},b[N][M],i,j;
8        printf("转置前的矩阵为：\n");
9        for(i=0;i<M;i++)
10       {
11               for(j=0;j<N;j++)
12                   printf("%3d",a[i][j]);
13               printf("\n");
14       }
15       for(i=0;i<N;i++)           /*求转置矩阵*/
16               for(j=0;j<M;j++)
17                   b[i][j]=a[j][i]
18       printf("转置后的矩阵为：\n");
19       for(i=0;i<N;i++)
20       {
21               for(j=0;j<M;j++)
22                   printf("%3d",b[i][j]);
23               printf("\n");
24       }
25       system("pause");
26       return 0;
27   }
```

程序运行结果：

转置前的矩阵为：

```
  1   2   3   4
  5   6   7   8
  9  10  11  12
```

转置后的矩阵为：

```
  1   5   9
  2   6  10
  3   7  11
  4   8  12
```

程序分析如下。

（1）第 7 行定义了两个二维数组 a 和 b，分别保存转置前后的矩阵元素，并对数组 a 进行了初始化。

（2）第 8～14 行输出转置前的矩阵元素。

（3）第 15～17 行求矩阵的转置。

（4）第 18～24 行输出转置后的矩阵元素。

【例 6.8】 一个学习小组有 5 个人，每个人有 3 门课程的考试成绩，求该小组各科的平均分和总平均分。

姓名	数学	物理	英语
张三	80	75	92
李四	61	65	71
赵五	59	63	70
王六	85	87	90
刘七	76	77	85

程序如下：

```
1    #include <stdio.h>
2    #include <stdlib.h>
3    #define M 5
```

```
4    #define N 3
5    int main()
6    {
7        int score[M][N]={ {80,75,92},{61,65,71},{59,63,70},{85,87,90},
{76,77,85}},i,j,total;
8        float c_ave[N],average,sum=0;
9        for(i=0;i<N;i++)
10       {
11           total=0;
12           for(j=0;j<M;j++)
13           {
14               total+=score[j][i];
15               sum+=score[j][i];
16           }
17           c_ave[i]=(float)total/M;
18       }
19       average=sum/(M*N);
20       printf("各门课程的平均成绩分别为: ");
21       for(i=0;i<N;i++)
22           printf("%6.2f ",c_ave[i]);
23       printf("\n 全组总平均成绩为: %6.2f\n",average);
24       system("pause");
25       return 0;
26   }
```

程序运行结果：

各门课程的平均成绩分别为：72.20 73.40 81.60

全组总平均成绩为：75.73

程序分析如下。

（1）第7行定义了一个数组 score，用于保存学生的成绩并对它进行初始化，一行的元素表示一个学生的3门课程的成绩。

（2）第8行定义了一个数组 c_ave，它有 N 个元素，用于保存每门课程的平均成绩。

（3）第9~18行通过循环求每门课程的平均分和所有课程的成绩总和。

（4）第19行求总的平均成绩。

请读者自己思考怎样求每个同学的平均成绩。

【例6.9】编程输出图6-4所示的杨辉三角形（要求输出10行）。

```
1
1   1
1   2   1
1   3   3   1
1   4   6   4   1
1   5   10  10  5   1
1   6   15  20  15  6   1
1   7   21  35  35  21  7   1
1   8   28  56  70  56  28  8   1
1   9   36  84  126 126 84  36  9   1
```

图6-4 杨辉三角形

程序如下：

```
1    #include <stdio.h>
2    #include <stdlib.h>
3    int main()
4    {
```

```
5        int yh[10][10];
6        int i, j;
7        for(i=0;i<10;i++)
8        {
9            yh[i][0]=1;
10           yh[i][i]=1;
11           for(j=1;j<i;j++)
12               yh[i][j]=yh[i-1][j-1]+yh[i-1][j];
13       }
14       for(i=0;i<10;i++)
15       {
16           for(j=0;j<=i;j++)
17               printf("%4d",yh[i][j]);
18           printf("\n");
19       }
20       system("pause");
21       return 0;
22   }
```

程序运行结果如图 6-4 所示。

程序分析如下。

（1）第 5 行的一个 10 行 10 列的二维数组 yh 用于保存杨辉三角形相应位置的值。

（2）第 6～13 行计算杨辉三角形相应位置的值，其中第 9 行计算第一列元素的值，第 10 行求对角线上元素的值，第 12 行计算其他元素的值（等于上一行左上角元素的值和上一行顶上元素的值之和）。

（3）第 14～19 行输出杨辉三角形对应元素的值。

6.4　字符数组与字符串

数组既可以存放数值数据，也可以存放字符数据。存放数值数据的数组称为数值数组，存放字符数据的数组称为字符数组。字符数组中的每一个元素存放一个字符。

C 语言中没有专门的字符串变量，通常用一个字符数组存放一个字符串。由于字符数组的长度一般在定义时就确定了，而字符串的长度经常改变，为了确定字符串的有效长度，C 语言规定：以\0作为字符串的结束标志。例如，字符串 "China" 在内存中占用 6 个字节的空间，其存储形式如图 6-5 所示。

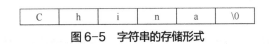

图 6-5　字符串的存储形式

6.4.1　字符数组的定义与初始化

1．字符数组的定义

字符数组的定义和前面介绍的数值数组类似。

例如：

```
char str1[10];        /*定义一个一维字符数组 str1，它有 10 个元素*/
char str2[3][10];     /*定义一个 3 行 10 列的二维字符数组 str2，它有 30 个元素*/
```

2．字符数组的初始化

（1）逐个为数组中各元素指定初值字符。

```
char a[5]={'C','h','i','n','a'};
```

把 5 个字符分别赋给 a[0],…,a[4]。

若字符个数少于元素个数，则系统自动对没有给出初值的数组元素赋值 0（或'\0'）。

如果对全体元素赋初值，可以省略长度说明。如：

```
char b[]={'C','h','i','n','a'};
```

系统认为这个 b 数组的长度或大小为 5。

（2）用字符串对字符数组进行初始化。

```
char a[]={"I am a student. "};
```

或

```
char a[]= "I am a student. ";
```

此时字符数组的元素个数为字符串的实际字符个数+1，因为最后还有一个空字符'\0'，即字符串结束标志。

（3）二维字符数组初始化和一维字符数组的初始化类似。

例如：

```
char name[3][10]={{'M','u','s','i','c'},{'A','r','t','s'},{'S','p','o','r', 't'}};
char str1[][20]={"math.","c","English"};
```

6.4.2　字符串与字符串结束标志

在 C 语言中没有专门的字符串变量，通常用一个字符数组来存放一个字符串。前面介绍字符串常量时，已说明字符串总是以'\0'作为串的结束符。因此当把一个字符串存入一个数组时，也把结束符'\0'存入数组，并以此作为该字符串结束的标志。有了'\0'标志后，就不必再用字符数组的长度来判断字符串的长度了。

C 语言允许用字符串的方式对数组进行初始化赋值。

用字符串方式赋初值比用字符逐个赋初值要多占一个字节，用于存放字符串结束标志'\0'。

一般在用字符串赋初值时无须指定数组的长度，而由系统自行处理。

6.4.3　字符数组的输入与输出

1．字符数组的输出

有两种方法将一个字符数组的内容显示出来。

（1）按%c 的格式：用 printf()函数将数组元素逐个输出到屏幕。

（2）按%s 的格式：用 printf()函数将数组中的内容按字符串的方式输出到屏幕（要判断'\0'字符）。如：

```
char a[]="China";
printf("%s",a);
```

用此方式时，要将存放字符串的数组名写在此处。执行此函数时，从 a 数组的第一个元素开始，一个元素接一个元素地输出到屏幕，一直到遇到'\0'字符为止。'\0'字符将不会被输出到屏幕上。

注意

　　（1）要用存放字符串的数组名来进行输出。

　　（2）系统在输出时只在遇到'\0'字符时才停止，否则，即使输出的内容已经超出数组的长度也不会停止输出。

2．字符数组的输入

有两种方法从键盘对字符数组赋值。

（1）按%c 的格式：用循环和 scanf() 函数读入键盘输入的数据。

（2）按%s 的格式：通过 scanf() 函数来进行字符串的输入。如：

```
scanf("%s",a);
```

将键盘输入的内容按字符串的方式送到 a 数组中，这里注意数组名 a 就代表了 a 数组的地址。输入时，在遇到分隔符时认为字符串输入完毕，并将分隔符前面的字符后加一个'\0'字符一并存入数组中。

例如（array 是某数组的数组名）：

```
scanf("%s",array);
```

输入时，若输入 abc↙，则 array 数组中存入'a'、'b'、'c'、'\0' 4 个字符（在 array 数组的长度大于输入字符串的长度加 1 时才能正确执行）。

又如（array1、array2 是数组名）：

```
scanf("%s%s",array1,array2);
```

输入时，若输入 ab cde↙，则 array1 数组中存入 3 个字符，array2 数组中存入 4 个字符。

说明

（1）输出字符不包括结束符'\0'。

（2）用"%s"格式符输出字符串时，printf() 函数中的输出项是字符数组名，而不是数组元素名，写成下面这样是不对的：

```
printf("%s",c[0]);
```

（3）如果数组长度大于字符串实际长度，也只输出到'\0'结束。

（4）如果一个字符数组中包含一个以上'\0'，则遇到第一个'\0'时输出就结束。

（5）可以用 scanf() 函数输入一个字符串。scanf() 函数中的输入项 c 是字符数组名，它应该在先前已被定义。从键盘输入的字符串应短于已定义的字符数组的长度。

【例 6.10】从键盘输入一个字符串后输出。

程序如下：

```
1    #include "stdio.h"
2    #include <stdlib.h>
3    int main()
4    {
5        char cstr[13];
6        printf("请输入一个字符串：\n");
7        scanf("%s",cstr);         /*用 scanf() 函数输入一个字符串*/
8        printf("输入的字符串是：\n");
9        printf("%s\n",cstr);       /*用 printf() 函数输出字符串*/
10       system("pause");
11       return 0;
12   }
```

程序运行结果：

请输入一个字符串：

China↙

输入的字符串是：

China

程序分析如下。

（1）第 5 行定义一个字符数组 cstr。

（2）第7行调用 scanf()函数输入一个字符串。

（3）第9行调用 printf()函数输出字符串。

6.4.4　字符串处理函数

C语言提供了丰富的字符串处理函数，如字符串的输入/输出、复制、连接、比较、修改、转换等函数。这些字符串函数的使用可大大减轻编程的工作量。但注意使用这些函数前，程序应包含相应的头文件。

1．字符串输入/输出函数

（1）输入字符串函数 gets()。

格式：

```
gets(字符数组)
```

gets()函数用于从键盘读入一个字符串（包括空格符），并把它们依次放到字符数组中去，函数的返回值为字符串的首地址，即字符数组的起始地址。

（2）输出字符串函数 puts()。

格式：

```
puts(字符数组)
```

puts()函数输出一个字符串到终端。

> **说明**
>
> ① gets()、puts()中的字符数组为字符数组名或字符指针，在使用这两个函数时，程序须包含头文件<stdio.h>。
>
> ② 在用 gets()函数输入字符串时，只有按回车键才认为是输入结束，此时系统会自动在输入的字符的后面加一个结束标志'\0'。
>
> ③ 在用 puts()函数输出字符串时，遇'\0'结束。

【例6.11】 键盘输入一个字符串到字符数组 s，再将字符串输出到终端。

程序如下：

```
1    #include "stdio.h"
2    #include <stdlib.h>
3    int main()
4    {
5        char cstr[80];
6        printf("请输入一个字符串: \n");
7        gets(cstr);   /*用gets()函数输入一个字符串*/
8        printf("输入的字符串是: \n");
9        puts(cstr);  /*用puts()函数输出字符串*/
10       system("pause");
11       return 0;
12   }
```

程序运行结果：

```
请输入一个字符串:
I am a student↙
输入的字符串是:
I am a student
```

程序分析如下。

（1）第5行定义一个字符数组 s。

（2）第7行调用 gets()函数输入一个字符串。

（3）第9行调用 puts()函数输出字符串。

2．字符串复制函数 strcpy()

格式：

```
strcpy (字符数组名1,字符数组名2)
```

功能：把字符数组 2 中的字符串复制到字符数组 1 中。字符串结束标志'\0'也一同复制。

> **说明**
>
> （1）使用此函数时，必须加头文件"string.h"。
>
> （2）字符数组 1 的长度必须足够大，以便能容纳字符数组 2 中的字符串。
>
> （3）字符数组名 2，可以是一个字符串常量。如 strcpy(strl, "C Language")作用与前相同。
>
> （4）复制时连同字符串后面的 '\0' 一起复制到字符数组 1 中。
>
> （5）字符串只能用复制函数赋值，不能用赋值语句进行赋值。例如下列语句是非法的：
>
> ```
> str1=str2; str1="abcde";
> ```
>
> 但单个字符可以用赋值语句赋给字符变量或字符数组元素。

【例 6.12】将一个字符串复制到另外一个字符串中。

程序如下：

```
1    #include <stdio.h>
2    #include <string.h>
3    #include <stdlib.h>
4    int main()
5    {
6        char str1[15],str2[]="C Language";
7        strcpy(str1,str2);
8        puts(str1);
9        printf("\n");
10       system("pause");
11       return 0;
12   }
```

程序运行结果：

```
C Language
```

程序分析如下。

（1）第2行用 include 命令包含头文件 string.h。

（2）第6行定义两个字符数组 str1 和 str2，并对数组 str2 进行了初始化。

（3）第7行调用 strcpy()函数将 str2 中的字符串复制到字符数组 str1 中。

3．字符串连接函数 strcat()

格式：

```
strcat (字符数组名1,字符数组名2)
```

功能：把字符数组 2 中的字符串连接到字符数组 1 中字符串的后面，并删去字符串 1 后的结束符'\0'。

（1）字符数组 1 的长度必须足够大，以便能容纳被连接的字符串。

（2）连接后系统将自动取消字符串 1 后面的结束符'\0'，只在新字符串最后保留一个'\0'。

（3）字符数组名 2，可以是字符串常量，如 strcat(s1,"cdef")。

【例 6.13】 将一个字符串连接到另一个字符串中。

程序如下：

```
1    #include <stdio.h>
2    #include <stdlib.h>
3    #include <string.h>
4    int main()
5    {
6        char str1[50]="Hello ", str2[ ]="everyone";
7        strcat(str1,str2);
8        puts(str1);
9        system("pause");
10       return 0;
11   }
```

程序运行结果：

```
Hello everyone
```

程序分析如下。

（1）第 3 行用 include 命令包含头文件 string.h。

（2）第 6 行定义了两个字符数组 str1 和 str2，并对它们进行了初始化。

（3）第 7 行调用 strcat()函数将 str2 中的字符串连接到字符数组 str1 中。

（4）第 8 行调用 puts()函数输出 str1 中的字符串。

4．字符串比较函数 strcmp()

格式：

```
strcmp(字符数组名 1,字符数组名 2)
```

功能：按照 ASCII 顺序比较两个数组中的字符串，并由函数返回值返回比较结果。

字符串 1=字符串 2,返回值=0;

字符串 2>字符串 2,返回值>0;

字符串 1<字符串 2,返回值<0。

（1）执行这个函数时，自左到右逐个比较对应字符的 ASCII 值，直到发现不同字符或字符串结束符'\0'为止。

（2）字符串不能用数值型比较符。

（3）字符数组名 1 和字符数组名 2，可以是字符串常量。

（4）两个字符串比较不能用以下形式：

```
if(str1= =str2)  printf("yes");
```

而只能用以下形式：

```
if(strcmp(str1,str2)==0)  printf("yes");
```

【例 6.14】 输入 5 个字符串，将其中最大的字符串输出。

程序如下：

```
1    #include <stdio.h>
```

```
2     #include <stdlib.h>
3     #include <string.h>
4     int main()
5     {
6         char  str[80],maxstr[80];
7         int i;
8         printf("请输入第1个字符串: ");
9         gets(maxstr);
10        for(i=1;i<5;i++)
11        {
12            printf("请输入第%d个字符串: ",i+1);
13            gets(str);
14            if(strcmp(maxstr,str)<0)
15                strcpy(maxstr,str);
16        }
17        printf("最大的字符串是: %s\n",maxstr);
18        system("pause");
19        return 0;
20    }
```

程序运行结果：

请输入第 1 个字符串：abcdefg✓

请输入第 2 个字符串：abcdfghi✓

请输入第 3 个字符串：bcdefghi✓

请输入第 4 个字符串：a1b2c3d4e5✓

请输入第 5 个字符串：1234567✓

最大的字符串是：bcdefghi

程序分析如下。

（1）第 6 行定义了两个字符数组 str 和 maxstr（maxstr 数组中保存最大的字符串）。

（2）第 9 行调用 gets() 函数输入第 1 个字符串（假设第 1 个字符串是最大的）。

（3）第 10～16 行通过循环分别输入其他 4 个字符串，并将输入的字符串与 maxstr 中保存的最大字符串进行比较，若比目前的最大字符串要大（程序的第 14 行），则将新输入的字符串复制到 maxstr 中（程序的第 15 行）。

5. 测字符串长度函数 strlen()

格式：

strlen(字符数组名)

功能：测字符串的实际长度（不含字符串结束标志'\0'）并作为函数返回值。

【例 6.15】 输入 5 个字符串，将其中最长的字符串输出。

程序如下：

```
1     #include <stdio.h>
2     #include <stdlib.h>
3     #include <string.h>
4     int main()
5     {
6         char str[80],temp[80];
7         int i,len;
8         printf("请输入第1个字符串: ");
9         gets(str);
10        len=strlen(str);
```

```
11          for(i=1;i<5;i++)
12          {
13              printf("请输入第%d个字符串：",i+1);
14              gets(temp);
15              if(strlen(temp)>len)
16                  strcpy(str,temp);
17          }
18          printf("最长的字符串是：%s\n",str);
19          system("pause");
20          return 0;
21      }
```

程序运行结果：

请输入第 1 个字符串：abcdefg✓

请输入第 2 个字符串：12345678✓

请输入第 3 个字符串：a12345✓

请输入第 4 个字符串：b23456✓

请输入第 5 个字符串：c5432✓

最长的字符串是：12345678

程序分析如下。

（1）第 6 行定义了两个字符数组 str 和 temp（str 数组中保存最长的字符串）。

（2）第 9 行调用 gets()函数输入第 1 个字符串（假设第 1 个字符串是最长的）。

（3）第 10 行调用 strlen()函数求第 1 个字符串的长度。

（4）第 11～17 行通过循环分别输入另外 4 个字符串，并将输入的字符串与 str 中保存的最长字符串进行比较，若比目前的最长字符串要长（程序的第 15 行），则将新输入的字符串复制到 str 中（程序的第 16 行）。

本章小结

本章介绍了数组的定义、数组元素的应用、数组的应用等。

（1）数组是一种数据类型。

（2）一维数组的定义格式：

类型说明符 数组名[常量表达式];

（3）二维数组的定义格式：

类型说明符 数组名[常量表达式1][常量表达式1];

（4）数组元素的引用格式。

① 一维数组：

数组名[下标]

下标的取值范围为 0～数组长度-1。

② 二维数组：

数组名[下标1][下标2]

下标 1 的取值范围为 0～第一维长度-1，下标 2 的取值范围为 0～第二维长度-1。

（5）定义数组可以对数组进行初始化。其可以对全部元素进行初始化，也可以对部分元素进行初始化。对字符数组可以用字符串对其进行初始化。

（6）数组的所有元素存储在一片连续的空间中。一维数组的元素按下标的顺序依次存储。二维数组的元素是按行存储的，每一行按列标的顺序存储。

（7）有关字符串处理函数的使用。

习题 6

班级＿＿＿＿＿＿＿＿ 姓名＿＿＿＿＿＿＿＿ 学号＿＿＿＿＿＿＿＿

一、选择题

1. 在 C 语言中引用数组元素时，其数组下标的数据类型允许是（　　　）。
    A. 整型常量
    B. 整型常量或整型表达式
    C. 整型表达式
    D. 任何类型的表达式

2. 以下对一维整型数组 a 的正确说明是（　　　）。
    A. int a(20);
    B. int N=30,a[N];
    C. int m;
    scanf("%d",&m);
    int a[m];
    D. #define SIZE 40;
    int a[SIZE];

3. 对两个数组 a 和 b 进行如下初始化：
```
char a[]="ABCDEF";
char b[]={'A','B','C','D','E','F'};
```
则以下叙述正确的是（　　　）。
    A. a 与 b 完全相同
    B. a 与 b 长度相同
    C. a 和 b 中都存放字符串
    D. a 数组比 b 数组长度长

4. 以下对二维数组 a 的正确说明是（　　　）。
    A. int a[5][];
    B. float a(5,7);
    C. double a[5][7]
    D. float a(5)(7);

5. 若有定义 int a[10]，则对数组 a 元素的正确引用是（　　　）。
    A. a[10]
    B. a[3.5]
    C. a(5)
    D. a[10−10]

6. 以下为合法的数组定义的是（　　　）。
    A. int a[]="string";
    B. int a[5]={0,1,2,3,4,5};
    C. vhst s="string";
    D. char a[]={0,1,2,3,4,5};

7. 以下能对一维数组 a 进行正确初始化的语句是（　　　）。
    A. int a[10]={0,0,0,0,0};
    B. int a[10]={};
    C. int a[ ] = {0} ;
    D. int a[10]={10*1} ;

8. 若二维数组 a 有 m 列，则计算任一元素 a[i][j] 在数组中位置的公式为（　　　）。
（假设 a[0][0] 位于数组的第 1 个位置上）
    A. i*m+j
    B. j*m+i
    C. i*m+j−1
    D. i*m+j+1

9. 以下能对二维数组 a 进行正确初始化的语句是（　　　）。
    A. int a[2][]={{1,0,1},{5,2,3}} ;
    B. int a[][3]={{1,2,3},{4,5,6}} ;
    C. int a[2][4]={{1,2,3},{4,5},{6}} ;
    D. int a[][3]={{1,0,1},{},{1,1}} ;

10. 设有定义 int x[2][3]，则以下关于二维数组 x 的叙述中，错误的是（　　　）。
    A. 元素 x[0] 可看作由 3 个整数元素组成的一维数组
    B. 数组 x 可以看作由 x[0] 和 x[1] 两个元素组成的一维数组
    C. 可以用 x[0]=0; 的形式为数组所有元素赋初值 0
    D. x[0] 和 x[1] 是数组名，分别代表一个地址常量

11. 设有 char str[10]，下列语句正确的是（　　　）。
    A. scanf("%s",&str);
    B. printf("%c",str);

  C. printf("%s",str[0]);   D. printf("%s",str);

12. 有两个字符数组 a、b，则以下正确的输入语句是（ ）。

  A. gets(a,b);   B. scanf("%s%s",a,b);

  C. scanf("%s%s",&a,&b);   D. gets("a"),gets("b");

13. 判断字符串 a 和 b 是否相等，应当使用（ ）。

  A. if (a= =b)   B. if (a=b)   C. if (strcpy(a,b))   D. if (strcmp(a,b))

14. 判断字符串 a 是否大于 b，应当使用（ ）。

  A. if (a>b)   B. if (strcmp(a,b))   C. if (strcmp(b,a)>0) D. if (strcmp(a,b)>0)

15. 不能正确把字符串 program 赋给数组的语句是（ ）。

  A. char a[ ]={'p','r','o','g','r','a','m' ,'\0'};   B. char a[10]; strcpy(a, "program");

  C. char a[10]; a="program";   D. char a[10]={"program"};

16. 下列描述中不正确的是（ ）。

  A. 字符型数组中可以存放字符串

  B. 可以对字符型数组进行整体输入/输出

  C. 可以对整型数组进行整体输入/输出

  D. 不能在赋值语句中通过赋值运算符 "=" 对字符型数组进行整体赋值

二、读程序写结果

1. 下面程序的运行结果是_____。

```
#include<stdio.h>
#include <stdlib.h>
int main()
{
    int i,t[9]={9,8,7,6,5,4,3,2,1};
    for(i=0;i<3;i++)
        printf("%d",t[3*i+1]);
    system("pause");
return 0;
}
```

2. 下面程序的运行结果是_____。

```
int a[]={4,0,2,3,1},i,j,t;
for(i=1;i<5;i++)
{
    t=a[i];j=i-1;
    while(j>=0 && t>a[j])
    { a[j+1]=a[j];j--;}
    a[j+1]=t;
}
```

3. 下面程序的运行结果是_____。

```
#include <stdio.h>
#include <stdlib.h>
int main()
{
    int  a[6],i;
for(i=1;i<6;i++)
    {
        a[i]=9*(i-2+4*(i>3))%5;
        printf("%2d",a[i]);
    }
    system("pause");
```

```
        return 0;
    }
```

4. 下面程序的运行结果是_____。

```c
#include <stdio.h>
#include <stdlib.h>
int main()
{
    int i;
    char a[5]="abcde";
    for(i=0;i<5;i++)
        putchar(a[i]);
    putchar('\n');
    system("pause");
    return 0;
}
```

5. 下面程序的运行结果是_____。

```c
#include <stdio.h>
#include <stdlib.h>
int main()
{
    int i,a[10];
    for(i=9;i>=0;i--)
        a[i]=10-i;
    printf("%d%d%d",a[2],a[5],a[8]);
    system("pause");
    return 0;
}
```

6. 当执行下面的程序时，如果输入 XYZ，则输出结果是_____。

```c
#include <stdio.h>
#include "string.h"
#include <stdlib.h>
int main()
{
    char ss[10]="12345";
    gets(ss);
    strcat(ss, "9876");
    printf("%s\n",ss);
    system("pause");
    return 0;
}
```

7. 下面程序的运行结果是_____。

```c
#include <stdio.h>
#include <stdlib.h>
int main()
{
    int a[3][3]={{6,5},{4,3},{2,1}},i,j,s=0;
    for(i=1;i<3;i++)
        for(j=0;j<=i;j++)
            s+=a[i][j];
    printf("%d\n",s);
    system("pause");
    return 0;
}
```

8. 下面程序的运行结果是_____。

```c
#include <stdio.h>
#include <stdlib.h>
int main()
{
    int n[3],i,j,k;
    for(i=0;i<3;i++)
        n[i]=0;
    k=2;
    for(i=0;i<k;i++)
        for(j=0;j<k;j++)
            n[j]=n[i]+1;
    printf("%d\n",n[1]);
    system("pause");
    return 0;
}
```

三、编程题

1. 用数组实现：求 10 个整数的平均值并输出其中小于平均值的数。

2. 从键盘输入一行文字，分别统计出其中英文大写字母、英文小写字母、数字、空格及其他字符的个数。

3. 编程将数组元素逆序存放，即第 1 个元素与最后 1 个元素对调，第 2 个元素与倒数第 2 个元素对调，依次类推。

4. 编程从键盘输入 10 个整数并保存到数组，输出 10 个整数中的最大值及其下标、最小值及其下标。

第 7 章

函数

本章导读

在程序设计中，设计大型程序的方法往往是把复杂的问题分解成许多简单的小问题，通过对小问题的求解来实现对大问题的求解，从而解决大型软件的编程问题。在高级语言程序中，小问题相当于一个子程序，在 C 语言中，称其为函数。本章主要介绍函数的定义、函数的调用、函数参数的传递，变量的作用域和生存期，以及编译预处理命令等。

7.1　函数的概念与分类

7.1.1　函数的概念

函数是形式上独立、功能上完整的程序段（块）。在 C 程序设计中常将一些常用功能模块编写成函数。函数可以完成特定的计算或操作处理功能。

在前面章节介绍过，C 源程序是由函数组成的。在前面各章的程序中大都只有一个函数，但实用问题的程序往往由多个函数组成。函数是 C 源程序的基本模块，可以通过对函数模块的调用实现特定的功能。C 语言不仅提供了极为丰富的库函数，而且还允许用户自己定义函数。用户可把自己的算法编成一个个相对独立的函数模块，然后用调用的方法来使用函数。可以说 C 程序的全部工作都是由各式各样的函数完成的，所以也把 C 语言称为函数式语言。由于采用了函数模块式的结构，C 语言易于实现结构化程序设计。使程序的层次结构清晰，便于程序的编写、阅读、调试。

在 C 语言中，函数是程序的基本单位，一个函数实现一个功能。程序员可以很方便地用函数作为程序模块来实现 C 语言的程序设计。一个 C 程序可由一个主函数和若干个函数构成，但必须至少有一个主函数。

7.1.2　函数的分类

在 C 语言中可从不同的角度对函数进行分类。

1．从函数定义的角度

从函数定义的角度看，函数可分为库函数（标准函数）和用户自定义函数两种。

（1）库函数：由 C 语言系统提供，用户无须定义，也不必在程序中作类型说明，只需在程序前包含该函数原型的头文件即可在程序中直接调用。在前面的例题中反复用到的格式化输入/输出函数（scanf()/printf()）、字符的输入/输出函数（getchar()/putchar()）等函数均为库函数。

（2）用户自定义函数：由用户按需要写的函数。对于用户自定义函数，不仅要在程序中定义函数本身，而且在主调函数模块中还必须对该被调函数进行类型说明，然后才能使用。

2．从函数有无返回值的角度

从函数有无返回值的角度看，函数又可分为有返回值函数和无返回值函数两种。

（1）有返回值函数：此类函数被调用执行完后将向调用者返回一个执行结果，称为函数返回值。如数学函数即属于此类函数。由用户定义的这种要返回函数值的函数，必须在函数定义和函数说明中明确返回值的类型。

（2）无返回值函数：此类函数用于完成某项特定的处理任务，执行完成后不向调用者返回函数值。由于函数无须返回值，用户在定义此类函数时可指定它返回"空类型"，空类型的说明符为"void"。

3．从主调函数和被调函数之间数据传送的角度

从主调函数和被调函数之间数据传送的角度看，函数又可分为无参函数和有参函数两种。

（1）无参函数：函数定义、函数说明及函数调用中均不带参数。主调函数和被调函数之间不进行参数传送。此类函数通常用来完成一组指定的功能，可以返回或不返回函数值。

（2）有参函数：也称为带参函数。在函数定义及函数说明时都有参数，称为形式参数（简称为形参）。在函数调用时也必须给出参数，称为实际参数（简称为实参）。进行函数调用时，主调函数将把实参的值传送给形参，供被调函数使用。

7.2 函数的定义与函数的返回值

7.2.1 函数的定义

虽然 C 语言提供了丰富的库函数，但由于实际问题的不同，有些功能用库函数还是无法完成。这时用户必须自己定义一些完成相应功能的函数。

（1）无参函数的定义形式如下：

```
类型说明符 函数名 ()
{
    函数体
}
```

其中类型说明符和函数名称为函数头。类型说明符是指该函数值的类型，即函数返回值的类型。函数名是用户自己定义的标识符，函数名后面必须有一对空括号"()"，里面不能有参数。花括号"{}"中的内容称为函数体，由说明部分和语句序列组成。

若定义的函数无返回值，此时函数类型说明符要写为 void。

例如，下面的一个函数定义：

```
void welcome ()
{
    printf ("Welcome to BEIJING\n");
}
```

此例中定义了一个名为 welcome 的函数，它是一个无参函数，当被其他函数调用时，输出"Welcome to BEIJING"字符串。

（2）有参函数的定义形式如下：

```
类型说明符 函数名 (形式参数列表)
{
    函数体
}
```

有参函数比无参函数多了一个内容，即形式参数列表。在形式参数表中给出的参数即形参，它们可以是各种类型的变量，各参数之间用逗号间隔。形参既然是变量，必须在形式参数表中给出形参的类型说明。在函数调用时，主调函数将赋予这些形参以实际值。

对于有参函数，函数的参数是主调函数和被调函数的数据通道。参数可分为形参和实参两种。

如果在定义函数时没有指定函数类型，系统会隐含指定函数类型为 int 型。

例如，定义一个函数，用于求两个数中较小的数，可写为：

```
int min (int x, int y)
{
    if (x>y)
        return y;
    else
        return x;
}
```

第一行说明 min()函数是一个整型函数，其返回的函数值是一个整数。形参为 x、y，均为整型。x、y 的具体值是由主调函数在调用时传送过来的。在 min()函数体中的 return 语句是把 x（或 y）的值作为函数的值返回给主调函数。有返回值函数中至少应有一个 return 语句。

在定义函数时，可以没有函数体，但花括号"{}"必须有，没有函数体的函数称为空函数。

在 C 语言中，所有的函数定义，包括主函数 main() 在内，都是平行的。也就是说，在一个函数的函数体内，不能再定义另一个函数，即不能嵌套定义。但是函数之间允许相互调用，也允许嵌套调用。一般将调用者称为主调函数。函数还可以自己调用自己，称为递归调用。

main() 函数（主函数）可以调用程序中的其他函数，而不允许被其他函数调用。因此，C 程序的执行总是从 main() 函数开始，完成对其他函数的调用后再返回到 main() 函数，最后由 main() 函数结束整个程序。一个 C 源程序必须有也只能有一个 main() 函数。

【例 7.1】 编写一个函数，其功能是求两个整数中较小的数。

程序如下：

```
1    int zxz(int x, int y)
2    {
3        if (x>y)
4            return y;
5        else
6            return x;
7    }
```

程序分析如下。

（1）第 1 行是所定义的函数的函数头（函数的返回值是一个整型类型的值，函数名是 zxz，函数有两个整型参数 x、y）。

（2）第 3~6 行是函数体，用于求 x、y 中较小的一个。

【例 7.2】 编写一个函数，其功能是在屏幕上输出 n 个指定的字符（其中 n 和字符由参数传递）。

程序如下：

```
1    void printchar(char ch,int n)
2    {
3        int i;
4        for(i=0;i<n;i++)
5            putchar(ch);
6    }
```

【例 7.3】 编写一个函数，其功能是判断一个正整数 n 是否为素数（质数）。如果是，返回 1；不是则返回 0（n 由参数传入）。

程序如下：

```
1    int isprime(int n)
2    {
3        int i;
4        for(i=2;i<n;i++)
5            if(n%i==0)
6                return 0;
7    return 1;
8    }
```

7.2.2　函数的参数和返回值

1．函数的参数

函数的参数分为形参和实参两种。形参出现在函数定义中，在整个函数体内都可以使用，离开该函数则不能使用。实参出现在主调函数中，进入被调函数后，实参变量也不能使用。形参和实参的功能是作数据传送。发生函数调用时，主调函数把实参的值传送给被调函数的形参从而实现主调函数向被调函数的数据传送。

函数的形参和实参具有以下特点。

（1）只有当函数被调用时，系统才给形参变量分配内存单元，在调用结束时，所分配的内存单元就被释放。

（2）实参可以是常量、变量、表达式、函数等，无论实参是何种类型的量，在进行函数调用时，它们都必须具有确定的值，以便把这些值传送给形参。

（3）实参和形参在数量、类型、顺序上应严格一致，否则会发生类型不匹配的错误。

2．函数的返回值

通常我们希望通过函数调用使主调函数能得到一个确定的值，这个值就是函数的返回值，简称函数值。函数的数据类型就是函数返回值的类型，称为函数类型。

（1）函数的返回值通过函数中的返回语句 return 将被调函数中的一个确定的值带回到主调函数中去。return 语句的一般形式为：

```
return(表达式);
```

或

```
return 表达式;
```

或

```
return;
```

例如：

```
return x;
return (x);
return (x>y? y:x);
```

如果需要从被调函数带回一个函数值（供主调函数使用），被调函数中必须包含 return 语句。如果不需要从被调函数带回函数值可以不要 return 语句。一个函数中可以有一个以上的 return 语句，执行到哪一个 return 语句，哪一个语句起作用。

return 语句的作用：使程序控制从被调函数返回到主调函数中，同时把返回值带给主调函数；释放在函数的执行过程中分配的所有内存空间。

（2）既然函数有返回值，这个值当然应属于某一个确定的类型，应当在定义函数时指定函数值的类型；凡不加类型说明的函数，一律自动按整型处理。

如果函数值的类型和 return 语句中表达式的值不一致，则以函数类型为准。对数值型数据，可以自动进行类型转换，即函数类型决定返回值的类型。

（3）不返回函数值的函数可以明确定义为"空类型"，类型说明符为"void"。void 类型在 C 语言中有两种用途：一是表示一个函数没有返回值，二是用来指明有关通用型的指针。

（4）如果被调函数没有 return 语句，则函数将带回有关的不确定的值。

7.3 函数的调用

7.3.1 函数的声明和函数调用格式

函数调用就是指主调函数中调用函数的形式和方法。调用流程：当在一个函数中调用另一个函数时，程序控制就从主调函数中的函数调用语句转移到被调函数，执行被调函数体中的语句序列，在执行完函数体中所有的语句，遇到 return 语句或函数体的右花括号"}"时，自动返回主调函数的函数调用语句并继续往下执行。如图 7-1 所示，main()函数调用 f1()函数。main()函数从第一条语句开始执行，执行到 f1(a);时，转向去执行 f1()函数，f1()函数执行完后返回到 main()函数的调用处，并继续往下执行后面的语句。

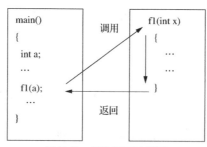

图 7-1　函数调用关系图

1．函数的声明

函数声明也称为函数说明或函数原型。在调用自定义函数之前，应对该函数（称为被调函数）进行说明，这与使用变量之前要先进行变量说明是一样的。在调用函数中对被调函数进行说明的目的是使编译系统知道被调函数返回值的类型，以及函数参数的个数、类型和顺序，便于调用时对调用函数提供的参数值的个数、类型及顺序是否一致等进行对照检查。

对被调函数进行声明，其一般格式如下：

类型说明符 函数名(形式参数列表)；

函数声明的格式就是在函数定义格式的基础上去掉函数体，再加上分号构成的，即在函数头后面加上分号。函数调用的接口信息必须提前提供，因此函数原型必须位于对该函数的第一次调用处之前。在函数声明时，重要的是形参类型和形参个数，形参名并不重要。

例如，对例 7.2 中的 printchar() 函数进行定义，以下几种声明的方式都是正确的。

```
void printchar(char ch,int n);
void printchar(char,int);
void printchar(char x,int m);
```

C 语言同时又规定，在以下情况下，可以省去对被调函数的说明。

（1）当被调函数的定义出现在调用函数之前时。因为在调用之前，编译系统已经知道了被调函数的函数类型、参数个数、类型和顺序。可见函数定义也兼有提供接口信息的功能。

（2）函数的返回值是整型或字符型，可以不必进行说明，系统对它们自动按整型说明。但为清晰起见，建议都加以说明为好。

（3）如果在所有函数定义之前，在函数外部（例如文件开始处）预先对各个函数进行了说明，则在调用函数中可省略对被调函数的说明。

对于函数声明，要注意下面两点。

（1）函数的"定义"和"声明"是两个不同的内容。"定义"是指对函数功能的确立，包括指定函数名、函数返回值类型、形参及其类型、函数体等，它是一个完整的、独立的函数单位。在一个程序中，一个函数只能被定义一次，而且是在其他任何函数之外进行。

而"声明"（有的书上也称为"说明"）则是把函数的名称、函数返回值的类型、参数的个数、类型和顺序通知编译系统，以便在调用该函数时系统对函数名称正确与否、参数的类型、数量及顺序是否一致等进行对照检查。在一个程序中，除上述可以省略函数说明的情况外，所有调用函数都必须对被调函数进行说明，而且是在调用函数的函数体内进行。

（2）对库函数的调用不需要再作说明，但必须把该函数的头文件用#include 命令包含在源文件前部。

2．函数调用的一般形式

在程序中是通过对函数的调用来执行函数体的，其过程与其他语言的子程序调用相似。C 语言中，函数调用的一般形式为：

函数名(实际参数表)

说明如下。

（1）调用函数时，函数名称必须与具有该功能的自定义函数名称完全一致。如果是调用无参函数则实参列表可以没有，但括号不能省略。

（2）实际参数表中的参数简称实参，对无参函数调用时则无实际参数表。实际参数表中的参数可以是常数、变量或表达式。如果实参不止 1 个，则相邻实参之间用逗号分隔。

（3）实参的个数、类型和顺序，应该与被调函数所要求的参数个数、类型和顺序一致，才能正确地进行数据传递。如果类型不匹配，C 语言编译程序将按赋值兼容的规则对其进行转换。如果实参和形参的类型不赋值兼容，通常并不给出出错信息，且程序仍然继续执行，只是得不到正确的结果。

【例 7.4】输入一个正整数判断其是否为素数（质数）。

程序如下：

```
1   #include <stdio.h>
2   #include <stdlib.h>
3   int isprime(int x)
4   {
5       int  n;
6       for(n=2;n<x;n++)
7           if(x%n==0)
8               return 0;
9       return 1;
10  }
11  int main()
12  {
13      int  m,n;
14      printf("请输入一个正整数: \n");
15      scanf("%d",&n);
16      m=isprime(n);
17      if(m==1)
18          printf("%d是素数\n",n);
19      else
20          printf("%d不是素数\n",n);
21      system("pause");
22      return 0;
23  }
```

程序运行结果：

请输入一个正整数：

71✓

71 是素数

程序分析如下。

程序的第 3～10 行定义了一个函数 isprime()，它有一个整型参数 x，返回值是一个整型值（若 x 是素数返回 1，否则返回 0）。程序的第 16 行调用 isprime()函数，并将返回值赋给变量 m。

3．函数调用的方式

按照函数在程序中出现的位置划分，函数调用的方式有以下 3 种。

（1）函数语句

C 语言中的函数可以只进行某些操作而不返回函数值，这时的函数调用作为一条独立的语句存在。函数调用的一般形式加上分号即构成函数语句。例如：

```
printf("%d",x);
scanf("%d",&b);
```

都是以函数语句的方式调用函数。

（2）函数表达式

函数作为表达式的一项，出现在表达式中，以函数返回值参与表达式的运算。这种方式要求函数是有返回值的。例如：

```
m=5*min(a,b);
```

函数 min 是表达式的一部分，它的值乘 5 再赋给 m。

（3）函数实参

函数作为另一个函数调用的实际参数出现。这种情况是把该函数的返回值作为实参进行传送，因此要求该函数必须是有返回值的。例如：

```
n=min(a, min(b, c));
```

其中，min(b,c)是一次函数调用，它的值作为 min 另一次调用的实参。n 的值是 a、b、c 三者最大的。

又如：

```
printf("%d",min(a,b));
```

也是把 min(a,b)作为 printf()函数的一个参数。

函数调用作为函数的参数，实质上也是函数表达式形式调用的一种，因为函数的参数本来就要求是表达式形式。

7.3.2　函数的参数传递

在调用函数时，大多数情况下，主调函数和被调函数之间有数据传递关系。这就是前面提到的有参函数。在定义函数时函数名后面括号中的变量名称为"形式参数"（即形参），在调用函数时，函数名后面括号中的表达式称为"实际参数"（即实参）。

形参出现在函数定义中，在整个函数体内都可以使用，离开该函数则不能使用。实参出现在主调函数中，进入被调函数后，实参变量也不能使用。形参和实参的功能是进行数据传送。发生函数调用时，主调函数把实参的值传送给被调函数的形参从而实现主调函数向被调函数的数据传送。

在C语言中，实参向形参传送数据的方式是"值传递"（在后面还要介绍另一种数据传递方式——地址传递）。函数间形参变量与实参变量的值的传递过程就是将实参的值复制一份给形参变量。形参和实参在内存中有各自独立的存储空间，如果在被调函数中改变了形参的值，实参的值不会改变。

值传递的优点就在于：被调用的函数不能改变调用函数中变量的值，而只能改变它的局部的临时副本。这样就可以避免被调函数的操作对调用函数中的变量可能产生的副作用。

【例 7.5】调用函数时的数据传递。

程序如下：

```
1    #include <stdio.h>
2    #include <stdlib.h>
3    int main()
4    {
5        void swap(int,int);
6        int a,b;
7        printf("请输入两个整数a, b: ");
8        scanf("%d%d",&a,&b);
9        swap(a,b);
10       printf("a=%d,b=%d\n",a,b);
11       system("pause");
```

```
12        return 0;
13    }
14    void swap(int x,int y)
15    {
16        int temp;
17        temp=x;x=y;y=temp;
18        printf("x=%d,y=%d\n",x,y);
19    }
```

程序运行结果：

请输入两个整数 a, b: 3 5✓

x=5, y=3

a=3, b=5

程序分析如下。

程序的第 5 行是对函数 swap()的声明。程序的第 9 行是调用 swap()函数。程序的第 14～19 行定义函数 swap()，它有两个整型参数 x、y，没有返回值。程序的第 17 行是交换两个形参变量的值。

程序从主函数开始执行，首先输入 a、b 的数值 3 和 5，接下来调用函数 swap(a,b)。具体调用过程如下。

（1）给形参 x、y 分配内存空间。

（2）将实参 a 的值传递给形参 x，b 的值传递给形参 y，于是 x 的值为 3，y 的值为 5，如图 7-2 所示。

（3）执行函数体。给函数体内的变量分配存储空间，即给 temp 分配存储空间，执行语句 "temp=x;x=y;y=temp;"后，x、y 的值分别变为 5 和 3，如图 7-3 所示，再执行语句 "printf("x=%d,y=%d\n",x,y);"，输出结果为 5 和 3。至此，函数 swap()的语句执行完毕，将返回主调函数（本例中的主调函数为 main()函数）。为此要进行下面的工作。

① 释放调用 swap()函数过程中分配的所有内存空间，即释放 x、y、temp 的内存空间。

② 结束对 swap()函数的调用，将流程控制权交给主调函数。

③ 调用结束后继续执行 main()函数直至结束。

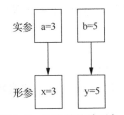

图 7-2　实参传值给形参

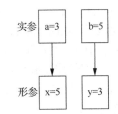

图 7-3　实参值不随形参值改变

通过函数调用，两个函数中的数据发生联系，如图 7-4 所示。

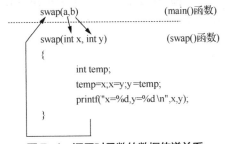

图 7-4　调用时函数的数据传递关系

【例7.6】 从键盘中输入一个年份，判断该年是否为闰年（闰年的条件是：能被4整除但不能被100整除的年份或者能被400整除的年份）。

程序如下：

```
1    #include <stdio.h>
2    #include <stdlib.h>
3    int leap(int year)
4    {
5        int yesno;
6        if(year%4 == 0&&year%100!=0 || (year%100==0&&year%400 == 0))
7            yesno =1;
8        else
9            yesno =0;
10       return yesno;
11   }
12   int main()
13   {
14       int year,yesno;
15       printf("请输入一个年份: ");
16       scanf("%d",&year);
17       yesno=leap(year);
18       if(yesno == 1)
19           printf("%d年是闰年\n",year);
20       else
21           printf("%d年不是闰年\n",year);
22       system("pause");
23       return 0;
24   }
```

程序运行结果：

请输入一个年份: 2020✓

2020年是闰年

程序分析如下。

（1）第3~11行定义了一个函数leap()，它有一个整型参数，返回值为一个整型值（若year对应的年份是闰年，返回值为1，否则返回值为0）。

（2）第6行中if后面的条件为闰年的条件。

（3）第17行是调用leap()函数，并将函数返回值赋给变量yesno。

【例7.7】 编程验证哥德巴赫猜想（哥德巴赫猜想：任意大于或等于6的偶数都可以分解为两个素数之和）。

分析：编写一个函数isprime()来判断正整数是否为素数，如果是返回1，不是返回0。对于一个正整数m，要将它分解为两个素数的和，可以对2~m/2中的每一个整数n，分别调用isprime来判断n和m-n是否都为素数，若都为素数，则m分解为n+(m-n)，否则再对n+1和m-(n+1)分别调用isprime来判断它们是否都为素数。

程序如下：

```
1    #include <stdio.h>
2    #include <stdlib.h>
3    #define NUM 1000
4    int isprime(int n)
5    {
6        int i;
7        for(i=2;i<n;i++)
```

```
8               if(n%i==0)
9                   return 0;
10          return 1;
11      }
12  int main()
13  {
14      int m,n;
15      for(m=6;m<=NUM;m+=2)
16          for(n=3;n<=m/2;n++)
17              if(isprime(n)==1 && isprime(m-n)==1)
18                  printf("%5d=%5d+%5d\n",m,n,m-n);
19      system("pause");
20      return 0;
21  }
```

程序运行结果:

```
   6=    3+    3
   8=    3+    5
  10=    3+    7
  10=    5+    5
  12=    5+    7
  14=    3+   11
  14=    7+    7
  16=    3+   13
  16=    5+   11
  18=    5+   13
  18=    7+   11
  20=    3+   17
  20=    7+   13
  22=    3+   19
  22=    5+   17
  22=   11+   11
  24=    5+   19
  24=    7+   17
  24=   11+   13
  26=    3+   23
  26=    7+   19
  26=   13+   13
  28=    5+   23
  28=   11+   17
```
（后面的运行结果省略）

程序分析如下。

（1）第 4～11 行定义了一个函数 isprime()，它有一个整型参数，返回值为一个整型值（若 n 为素数，返回值为 1，否则返回值为 0）。

（2）第 15 行控制 6 到 NUM 间的每一个偶数。

（3）第 17 行判定 n 和 m−n 是否都为素数。

7.4　函数的嵌套调用和递归调用

7.4.1　函数的嵌套调用

在 C 语言中，不能将函数定义放在另一个函数的函数体中，但允许在调用一个函数的过程中调用另一个函数，这称为函数的嵌套调用。

除了 main()函数不能被程序中的其他函数调用外，其他函数都可以相互调用。一个典型的函数嵌套调用如图 7-5 所示。

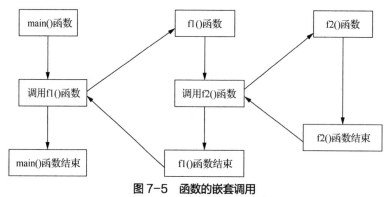

图 7-5　函数的嵌套调用

【例 7.8】用弦切法求方程 $x^3-5x^2+16x-80=0$ 的根。

用弦切法求方程 $f(x)=0$ 的根的算法如下。

s1：在函数的定义域内取两点 x1 和 x2，使 f(x1)*f(x2)<0。

s2：求两点(x1,f(x1)),(x2,f(x2))的连线与 x 轴的交点 x。

$$x=(x1*f(x2)-x2*f(x1))/(f(x2)-f(x1))$$

s3：判断 f(x)<e（e 为给定的很小的一个数），若成立，转 s6，否则转 s4。

s4：判断 f(x)*f(x1)<0，若成立，x2=x，否则 x1=x。

s5：转 s2。

s6：输出 x，它即为所求的根。

程序如下：

```
1    #include <stdio.h>
2    #include <math.h>
3    #include <stdlib.h>
4    double f(double x)
5    {
6        double y;
7        y=x*x*x-5*x*x+16*x-80;
8        return y;
9    }
10   double xpoint(double x1,double x2)
11   {
12       double z;
13       z=(x1*f(x2)-x2*f(x1))/(f(x2)-f(x1));
14       return z;
15   }
16   double root(double x1,double x2)
17   {
18       double x,y,y1;
19       y1=f(x1);
20       do
21       {
22           x=xpoint(x1,x2);
23           y=f(x);
24           if(y*y1>0)
25           {
26               y1=y;
27               x1=x;
```

```
28                }
29            else
30                x2=x;
31       }while(fabs(y)>=0.00001);
32       return x;
33   }
34   int main()
35   {
36       double x1,x2,f1,f2,x;
37       do
38       {
39           printf("请输入两点: \n");
40           scanf("%lf,%lf",&x1,&x2);
41           f1=f(x1);
42           f2=f(x2);
43       }while(f1*f2>=0);
44       x=root(x1,x2);
45       printf("方程的根是: %8.4lf\n",x);
46       system("pause");
47       return 0;
48   }
```

程序运行结果:

请输入两点:

1,10✓

方程的根是: 5.0000

程序分析如下。

（1）第 2 行用 include 命令包含文件"math.h"，因在程序的第 31 行要用到求绝对值的数学函数 fabs()。

（2）第 4～9 行定义了求函数值的函数 f()。

（3）第 10～15 行定义了求弦与 x 轴交点的函数 xpoint()。

（4）第 16～33 行定义了求方程的根的函数 root()。

（5）第 37～43 行输入两点使得两点处的函数值异号。

（6）第 44 行调用 root()函数求方程的根。

在此程序中，main()函数调用了 root()函数，在 root()函数中调用了 xpoint()函数，在 xpoint()函数中调用了 f()函数，这就构成了嵌套调用。

7.4.2 函数的递归调用

一个函数在它的函数体内直接或间接地调用它自身，称为递归调用。这种函数称为递归函数。若函数直接调用自身称为直接递归调用，若函数间接调用自身称为间接递归调用，如图 7-6 所示。在调用函数 funa()的过程中，又要调用 funa()函数，这是直接调用本函数。在调用 funb()函数过程中要调用 func()函数，而在调用 func()函数过程中又要调用 funb()函数，这是间接调用本函数。

一些问题本身蕴含了递归关系且结构复杂，用非递归算法实现可能使程序结构非常复杂，而用递归算法实现，可使程序简洁，提高程序的可读性。

递归调用会增加存储空间和执行时间上的开销。

从图 7-6 中可以看到，这两种递归调用都是无终止的自身调用。显然，程序中不应出现这种无终止的递归调用，而只应出现有限次数的、有终止的递归调用。为了防止递归调用无终止地进行，必须在函数内有终止递归调用的手段。常用的办法是加条件判断，当满足某种条件后就不再进行递归调用，然后逐层返回。

```
funb()
{   …
        func();
        …
}
```

```
funa()
{
    …
        funa();
        …
}
```

```
func()
{   …
        funb();
        …
}
```

（a）直接递归调用 　　　　　　（b）间接递归调用

图 7-6　函数的递归调用

递归函数具有以下特点。

（1）函数要直接或间接调用自身。

（2）要有递归终止条件检查（递归的出口），即递归终止的条件被满足后，则不再调用自身函数。

（3）如果不满足递归终止的条件，则继续进行递归调用。在调用函数自身时，有关终止条件的参数要发生变化，而且需向递归终止的方向变化。

下面通过例题学习编写递归程序的思路。

【例 7.9】从键盘输入一个正整数 n，输出 n 的阶乘值 $n!$。

若用 fact(n) 表示 n 的阶乘值，根据阶乘的数学定义可知：

$$\text{fact}(n) = \begin{cases} 1 & n = 0 \\ n \times \text{fact}(n-1) & n > 0 \end{cases}$$

显然，当 $n>0$ 时，fact(n) 是建立在 fact($n-1$) 的基础上。由于求解 fact($n-1$) 的过程与求解 fact(n) 的过程完全相同，只是具体实参不同，因而在进行程序设计时，不必再仔细考虑 fact($n-1$) 的具体实现，只需借助递归机制进行自身调用即可。

程序如下：

```
1    #include <stdio.h>
2    #include <stdlib.h>
3    long fact(int n)
4    {
5        long m;
6        if (n == 0)
7            return(1);
8        else
9        {
10           m=n*fact(n-1);
11           return(m);
12       }
13   }
14   int main()
15   {
16       int n;
17       long m;
18       printf("请输入一个正整数: \n");
19       scanf("%ld",&n);
20       m=fact(n);
21       printf("%d!=%ld\n",n,m);
22       system("pause");
```

```
23      return 0;
24  }
```

程序运行结果：

请输入一个正整数：
4
10!=24

程序分析如下。

（1）第 3～13 行定义了一个函数 fact()，它有一个整型参数，返回值为一个长整型值。

（2）第 10 行调用了 fact()函数自身，这就是一个递归函数。

（3）第 20 行调用 fact()函数得到阶乘。

由于递归调用是对函数自身的调用，在一次函数调用未结束之前又开始了另一次函数调用。这时为函数的运行所分配的空间在结束之前是不能回收的，必须保留。这也意味着函数自身的每次不同调用，就需要分配不同的空间。只有当最后一次调用结束后，才释放最后一次调用所分配的空间，然后返回上一层调用，调用结束后，释放调用所分配的空间，再返回它的上一层调用，这样逐层返回，直至返回到第一次调用，当第一次调用结束后，释放调用所分配的空间，整个递归调用才完成。

在例 7.9 中，给出了一个求阶乘的函数。下面以求 4!，即求 fact(4)的值为例，其调用执行过程如图 7-7 所示。

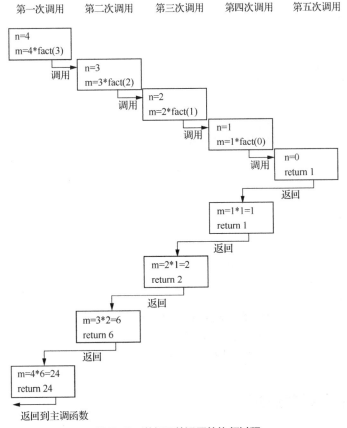

图 7-7　递归函数调用的执行过程

【例 7.10】 编程输出斐波那契数列前 20 项的值，要求每项的值用一个递归函数求出。

若用 Fibona(n)表示斐波那契数列第 n 项的值，根据斐波那契数列的计算公式：

$$\text{Fibona}(n) = \begin{cases} 1 & n=1,2 \\ \text{Fibona}(n-1) + \text{Fibona}(n-2) & n > 2 \end{cases}$$

可知当 $n>2$ 时，斐波那契数列第 n 项的值等于第 $n-1$ 项的值与第 $n-2$ 项的值相加之和，而斐波那契数列第 $n-1$ 项和第 $n-2$ 项值的求解又分别取决于它们各自前两项之和。总之，Fibona($n-1$)和 Fibona($n-2$)的求解过程与 Fibona(n)的求解过程相同，只是具体实参不同。利用以上这种性质，我们在进行程序设计时便可以使用递归技术，Fibona($n-1$)和 Fibona($n-2$)的求解只需调用函数 Fibona() 自身加以实现即可。

程序如下：

```
1    #include <stdio.h>
2    #include <stdlib.h>
3    int Fibona(int n)
4    {
5        int m;
6        if (n==1 || n==2)
7            return 1;
8        else
9        {
10           m=Fibona(n-1)+ Fibona(n-2);
11           return m;
12       }
13   }
14   int main()
15   {
16       int i,m;
17       printf("%6d %6d ",1,1);
18       for(i=3;i<=20;i++)
19       {
20           m=Fibona(i);
21           printf("%6d ",m);
22           if(i%5==0) printf("\n");
23       }
24       system("pause");
25       return 0;
26   }
```

程序运行结果：

```
  1     1     2     3     5
  8    13    21    34    55
 89   144   233   377   610
987  1597  2584  4181  6765
```

程序分析如下。

（1）第 3～13 行定义了一个函数 Fibona()，它有一个整型参数，返回值为一个整型值。

（2）第 10 行调用了 fact()函数自身，这就是一个递归函数。

（3）第 20 行调用 Fibona()函数得到数列第 i 项的值。

7.5   数组作函数参数

7.5.1   数组元素作函数参数

数组元素作函数的参数与普通变量作函数的参数本质相同。数组元素作函数实参时，仅仅是将其代表的值作为实参处理。

数组中元素作为函数的实参，与简单变量作为实参一样，结合的方式是单向的值传递。

【例 7.11】 求数组中的最大元素。

程序如下：

```
1    #include <stdio.h>
2    #include <stdlib.h>
3    float max1(float x,float y)
4    {
5        if(x>y)
6            return x;
7        else
8            return y;
9    }
10   int main()
11   {
12       int k;
13       float m,a[]={12.34,123,-23.45,67.89,43,79,68,32.89,-34.23,10};
14       m=a[0];
15       for(k=1;k<10;k++)      /*循环 9 次*/
16            m=max1(m,a[k]);
17       printf( "%5.2f\n",m);  /*输出 m 的值 */
18       system("pause");
19       return 0;
20   }
```

程序运行结果：

```
123.00
```

程序分析如下。

（1）第 13 行定义了一个数组 a 并对它进行了初始化。

（2）第 16 行调用函数 max1()，以 m 和 a[k]作为它的两个实参，a[k]是一个数组元素。

注意

数组元素只能作为函数的实参，不能作为函数的形参。

7.5.2 数组名作函数参数

用数组名作函数的参数可以解决函数只能有一个返回值的问题。数组名代表数组的首地址，在数组名作为函数的参数时，形参和实参都应该是数组名。在函数调用时，实参给形参传递的数据是实参数组的首地址，即实参数组和形参数组完全等同，是存放在同一存储空间的同一个数组，形参数组和实参数组共享存储单元。如果在函数调用过程中形参数组的内容被修改了，实际上也是修改了实参数组的内容。

【例 7.12】 输入不超过 50 个的整数，对这些数据排序后输出。要求数据的输入、数据的排序和数据的输出分别编写一个函数来完成。

程序如下：

```
1    #include <stdio.h>
2    #include <stdlib.h>
3    void inputdata(int a[],int n)  /*输入数据*/
4    {
5        int i;
```

```
6              for(i=0;i<n;i++)
7              {
8                      printf("请输入第%d个数据: ",i+1);
9                      scanf("%d",&a[i]);
10             }
11     }
12     void outputdata(int a[],int n)  /*输出数据*/
13     {
14             int i;
15             for(i=0;i<n;i++)
16             {
17                     printf("%d ",a[i]);
18             }
19             printf("\n");
20     }
21     void sort(int a[],int n)
22     {
23             int i,j,k,temp;
24             for(i=0;i<n-1;i++)
25             {
26                     k=i;
27                     for(j=i+1;j<n;j++)
28                             if(a[k]>a[j])
29                                     k=j;
30                     if(k!=i)
31                     {
32                             temp=a[i];a[i]=a[k];a[k]=temp;
33                     }
34             }
35     }
36     int main()
37     {
38             int data[50],datanum;
39             printf("请输入数据个数（1~50）: ");
40             scanf("%d",&datanum);
41             inputdata(data,datanum);
42             printf("排序前的数据为: \n");
43             outputdata(data,datanum);
44             sort(data,datanum);
45             printf("排序后的数据为: \n");
46             outputdata(data,datanum);
47             system("pause");
48             return 0;
49     }
```

程序运行结果：

请输入数据个数（1~50）: 6✓
请输入第 1 个数据: 54✓
请输入第 2 个数据: 76✓
请输入第 3 个数据: 4✓
请输入第 4 个数据: 78✓
请输入第 5 个数据: 54✓
请输入第 6 个数据: 87✓

排序前的数据为:

```
54 76 4 78 54 87
```

排序后的数据为:

```
4 54 54 76 78 87
```

程序分析如下。

在这个程序中有 4 个函数:数据输入的函数 inputdata(),数据输出的函数 outputdata(),数据排序函数 sort(),主函数 main()。在 inputdata()函数、outputdata()函数和 sort()函数中,分别用数组名作为它们的形参,在主函数中,定义了一个一维数组,调用 inputdata()函数对数组进行赋值,调用 sort()函数对数据进行排序,调用 outputdata()函数输出数据。主函数中调用时的第一个实参也是数组名。

在 C 语言中,形参数组与实参数组之间的结合要注意以下几点。

(1)调用函数与被调函数中分别定义数组,其数组名可以不同,但类型必须一致。

(2)在 C 语言中,形参变量与实参之间的结合是采用数值进行的,因此,如果在被调函数中改变了形参的值,是不会改变实参值的。但是,形参数组与实参数组的结合是采用地址进行的,从而可以实现数据的双向传递。在被调函数中改变了形参数组元素的值,实际上就改变了实参数组元素的值。

(3)被调函数中一维数组作形参的要求如下(有几种情况)。

① 主函数与函数在一个文件中,指定与不指定一维数组的下标的大小结果一样。

② 主函数与函数不在一个文件中,函数中的形参数组通常不指定一维数组下标的大小,指定一维下标的大小也可以。

7.5.3 二维数组作函数参数

多维数组名也可以作为函数的实参和形参。在定义函数时,对形参组的说明可以指定每一维的大小,也可以省略第一维的大小。假如函数的形参是二维数组 a,那么形参的说明可以描述为 int a[2][3];或者 int a[][3];,二者是等价的。但是不能把多维数组的第二维及其他高维的大小说明省略。如形参说明 int a[][];是不合法的,因为从实参传来的是数组起始地址,如果在形参中不说明列数,则系统无法决定应为多少行多少列,也就无法确定数组元素在内存中的位置。

有关多维数组作为函数参数的其他规则和一维数组类似。

【例 7.13】 利用函数求两个矩阵的和矩阵。

程序如下:

```
1    #include <stdio.h>
2    #include <stdlib.h>
3    #define M 3
4    #define N 3
5    void inputdata(int a[][N],int m)
6    {
7        int i,j;
8        for(i=0;i<m;i++)
9            for(j=0;j<N;j++)
10               scanf("%d",&a[i][j]);
11   }
12   void outputdata(int a[][N],int m)
13   {
14       int i,j;
15       for(i=0;i<m;i++)
16       {
17           for(j=0;j<N;j++)
```

```
18              printf("%5d",a[i][j]);
19          printf("\n");
20      }
21  }
22  void sum(int a[][N],int b[][N],int c[][N],int m)
23  {
24      int i,j;
25      for(i=0;i<m;i++)
26          for(j=0;j<N;j++)
27              c[i][j]=a[i][j]+b[i][j];
28  }
29  int main()
30  {
31      int matrix1[M][N],matrix2[M][N],matrix3[M][N];
32      printf("请输入第一个矩阵的各元素：\n");
33      inputdata(matrix1,M);
34      printf("请输入第二个矩阵的各元素：\n");
35      inputdata(matrix2,M);
36      sum(matrix1,matrix2,matrix3,M);
37      printf("两个矩阵的和是：\n");
38      outputdata(matrix3,M);
39      system("pause");
40      return 0;
41  }
```

程序运行结果：

请输入第一个矩阵的各元素：

23 54 76

43 32 12

67 43 21↙

请输入第二个矩阵的各元素：

67 87 67

65 43 21

89 78 53↙

两个矩阵的和是：

 90 141 143

108   75   33

156 121   74

程序分析如下。

（1）第 3、4 行分别定义了符号常量 M、N。

（2）第 5~11 行定义了一个函数 inputdata()，其功能是从键盘对二维数组元素赋值。

（3）第 12~21 行定义了一个函数 outputdata()，其功能是输出二维数组的各个元素的值。

（4）第 22~28 行定义了一个函数 sum()，其功能是求两个矩阵的和。

这 3 个函数都是用二维数组作为参数，二维数组作为参数时，第一维的大小可以省略，但第二维的大小不能省。

（5）第 31 行定义了 3 个二维数组 matrix1、matrix2 和 matrix3。

（6）第 33、35 行分别调用函数 inputdata()来对二维数组 matrix1、matrix2 进行赋值。

（7）第 36 行调用函数 sum()来求二维数组 matrix1、matrix2 对应的矩阵的和，并将结果保存到二维数组 matrix3 中。

（8）第 38 行调用函数 outputdata()输出二维数组 matrix3 的元素值。

7.6　变量的作用域与存储类别

7.6.1　变量的作用域

在 C 程序中定义的任何变量都有一定的作用范围，也就是变量的可见范围或可使用的有效范围，这个范围称为变量的作用域。变量的作用域可以是一个函数，也可以是整个程序。C 语言中变量说明的方式不同，其作用域也不同。C 语言中的变量按作用域范围可分为局部变量和全局变量两种。

1．局部变量

在一个函数或复合语句内定义的变量，称为局部变量，局部变量也称为内部变量。局部变量仅在定义它的函数或复合语句内有效。例如函数的形参是局部变量。

编译时，编译系统不为局部变量分配内存单元，而是在程序的运行中，当局部变量所在的函数被调用时，系统根据需要临时分配内存，函数调用结束，局部变量的空间被释放。

```
int fun1(int a)          /*函数 fun1()*/
{
    int b,c;                          ⎫
    ...                                ⎬ a,b,c 作用域
}                                      ⎭
int fun2(int x)          /*函数 fun2()*/
{
        int y;                         ⎫ x,y 作用域
}                                      ⎭
void main()
{
        int m,n;                       ⎫ m,n 作用域
}                                      ⎭
```

在函数 fun1()内定义了三个变量，a 为形参，b、c 为一般变量。在 fun1()的范围内 a、b、c 有效，或者说a、b、c 变量的作用域限于 fun1()内。同理，x、y、z 的作用域限于 fun2()内，在 fun2()内有效。m、n 的作用域限于 main()函数内，在 main()函数内有效。

说明如下。

（1）main()函数中定义的变量只能在 main()函数中使用，不能在其他函数中使用。同时，main()函数中也不能使用其他函数中定义的变量。因为 main()函数也是一个函数，它与其他函数是平行关系。例如下面的程序：

```
1    #include <stdio.h>
2    #include <stdlib.h>
3    void fun()
4    {
5        int a=2;
6        printf("%d",a);
7    }
8    int main()
9    {
10       int b=3;
11       printf("%d, %d\n",a,b);
12       system("pause");
13       return 0;
14   }
```

在编译时会指出在第 11 行出现错误：

```
error C2065: "a": 未声明的标识符
```

虽然我们在函数 fun()中定义了变量 a（程序的第 5 行），但它只在 fun()函数内起作用，在 main()函数中就不起作用，因而不能引用它。

（2）形参变量属于被调函数的局部变量，实参变量属于主调函数的局部变量。

（3）C语言允许在不同的函数中使用相同的变量名，它们代表不同的对象，分配不同的单元，互不干扰，也不会发生混淆。例如，形参和实参的变量名都为 a，是完全允许的。

（4）在复合语句中也可定义变量，其作用域只在复合语句范围内。例如：

```
int main()
{        int a,b;
        ...
        {  int s;
           s=a+b;        s在此范围内有效        a,b 在此范围内有效
        }
    ...
}
```

变量 s 只在复合语句（分程序）内有效，离开该复合语句该变量就无效，释放内存单元。

【例 7.14】 复合语句中的局部变量。

程序如下：

```
1    #include <stdio.h>
2    #include <stdlib.h>
3    int main()
4    {
5        int a=1,b=2,c=3;
6        printf("1--- a=%d,b=%d,c=%d\n",a,b,c);
7        {
8            int a,b,c;
9            a=10,b=20,c=30;
10           printf("2--- a=%d,b=%d,c=%d\n",a,b,c);
11       }
12       printf("3--- a=%d,b=%d,c=%d\n",a,b,c);
13       system("pause");
14       return 0;
15   }
```

程序运行结果：

```
1--- a=1,b=2,c=3
2--- a=10,b=20,c=30
3--- a=1,b=2,c=3
```

程序分析如下。

（1）第 6 行引用的变量 a、b、c 是第 5 行定义的 a、b、c。

（2）第 10 行引用的变量 a、b、c 是第 8 行定义的 a、b、c。

（3）第 12 行引用的变量 a、b、c 是第 5 行定义的 a、b、c。

2．全局变量

全局变量也称为外部变量，它是在函数外部定义的变量。它不属于哪一个函数，它属于一个源程序文件。其作用域是整个源程序文件，可以被本文件中的所有函数共用。

在函数中使用全局变量，一般应进行全局变量说明。只有在函数内经过说明的全局变量才能使用。全局变量的说明符为 extern。但在一个函数之前定义的全局变量，在该函数内使用可不再加以说明。例如：

```
int m=1,n=2;   /*外部变量*/
float fun1(int x);/*定义函数fun1*/
{
    int y,z;
...
}
char c1,c2;    /*外部变量*/
char fun2(int x,int y) /*定义函数fun2*/
{
    int i,j;
...
}
void main ()           /*主函数*/
{
    int a,b;
...
}
```

全局变量m, n 的作用域

全局变量c1, c2 的作用域

m、n、c1、c2 都是全局变量，但它们的作用域不同。在 main()函数和 fun2()函数中可以使用全局变量 m、n、c1、c2，但在函数 fun1()中只能使用全局变量 m、n，而不能使用 c1 和 c2。

在一个函数中既可以使用本函数中的局部变量，又可以使用有效的全局变量。

说明如下。

（1）外部变量默认的作用域是从定义处开始到本文件的结束。如果定义点之前的函数需要引用这些外部变量，需要在函数内对被引用的外部变量进行说明。

外部变量的定义必须在所有的函数之外，且只能定义一次。其一般形式为：

[extern] 类型说明符 变量名1,变量名2,…, ;

其中方括号内的 extern 可以省去不写。例如：

int a,b;

等效于

extern int a,b;

而外部变量说明出现在要使用该外部变量的各个函数内，在整个程序内可能出现多次，外部变量说明的一般形式为：

extern 类型说明符 变量名1,变量名2,…;

外部变量在定义时就已分配了内存单元，外部变量定义可进行初始赋值，外部变量说明不能再赋初值，只是表明在函数内要使用某外部变量。

【例 7.15】 全局变量的说明。

程序如下：

```
1    #include <stdio.h>
2    #include <stdlib.h>
3    int max1(int x,int y)
4    {
5        return x>y?x:y;
6    }
7    int main()
8    {
9        extern int a,b;       /*全局变量的说明*/
10       printf("%d\n",max1(a,b));
11       system("pause");
12       return 0;
```

```
13    }
14    int a=13,b=8;          /*定义全局变量*/
```

程序运行结果：

```
13
```

程序分析如下。

本程序在第 14 行定义了两个全局变量 a 和 b。但在第 10 行要引用定义在后面的全局变量，就要在此引用前对它进行声明（程序的第 9 行）。

（2）全局变量增加了函数间数据联系的渠道。由于同一文件中的所有函数都能引用全局变量的值，因此如果在一个函数中改变了全局变量的值，就能影响其他函数，相当于各个函数间有直接的传递通道。由于函数的调用只能带回一个返回值，因此有时可以利用全局变量增加函数联系的渠道，从函数得到一个以上的返回值。

【例 7.16】 输入 n 个学生的成绩保存在一个数组中，求学生的平均成绩、最高分、最低分。

程序如下：

```
1     #include <stdio.h>
2     #include <stdlib.h>
3     float Max,Min;                        /*外部变量*/
4     int main()
5     {
6         float student(float a[],int n);       /*函数声明*/
7         float ave,score[100];                 /*学生人数不能超过100*/
8         int i,n;
9         printf("请输入学生人数: ");
10        scanf("%d",&n);
11        printf("请输入每个学生成绩: ");
12        for(i=0;i<n;i++)
13            scanf("%f",&score[i]);
14        ave=student(score,n);
15        printf("平均分=%6.2f\n最高分=%6.2f\n最低分=%6.2f\n",ave,Max,Min);
16        system("pause");
17        return 0;
18    }
19    float student(float a[],int n)
20    {
21        int i;
22        float s=a[0];
23        Max=Min=a[0];
24        for(i=1;i<n;i++)
25        {
26            if(a[i]>Max)
27                Max=a[i];
28            else if(a[i]<Min)
29                Min=a[i];
30            s=s+a[i];                         /*总成绩*/
31        }
32        return s/n;
33    }
```

程序运行结果：

请输入学生人数: 5↙

请输入每个学生成绩: 67 89 94 88 90↙

平均分= 85.60

最高分= 94.00

最低分= 67.00

程序分析如下。

程序的第 3 行定义了两个全局变量 Max 和 Min，在 student() 函数中修改了全局变量 Max 和 Min 的值（程序的第 23、27、29 行）。在 main() 函数中再引用全局变量 Max 和 Min，它们的值就发生了改变，实现一个函数返回多个值。

（3）在同一源文件中，允许全局变量和局部变量同名。但在局部变量的作用域内，全局变量与局部变量同名会使全局变量失效不起作用。

【例 7.17】 全局变量与局部变量同名的实例。

```
1    #include <stdio.h>
2    #include <stdlib.h>
3    int a=5,b=6;                /*a、b 为全局变量*/
4    int max1(int a,int b)       /*形参 a、b 为局部变量*/
5    {
6        int s;
7        s=a>b?a:b;
8        return  s;
9    }
10   int  main()
11   {
12       int a=12;
13       printf("%d",max1(a,b));
14       system("pause");
15       return 0;
16   }
```

程序运行结果：

12

程序分析如下。

程序的第 3 行定义了全局变量 a 和 b，它们的作用域就从定义处开始到本程序的结束。但在 main() 函数内又定义了局部变量 a（程序的第 12 行），这时全局变量 a 和局部变量 a 的作用域重叠，全局变量 a 失效，所以程序的第 14 行引用的 a 和 b 分别是局部变量 a 和全局变量 b，即 max1(a,b) 相当于 max1(12,6)，运行结果就是 12。

7.6.2　变量的存储类别

C 语言中每个变量都具有两个属性：类型属性和存储类别。类型属性规定了变量的存储空间的大小和取值范围。变量的存储类别确定了变量的存储方式、生存期和作用域。

所谓变量的生存期就是变量占用存储空间的时限。具有全局寿命的变量，可在整个程序的生存期内占有固定的存储空间，其值一直被保存。具有局部寿命的变量，是当程序的控制流程进入定义该变量的程序块时，才为其分配一块临时的存储空间。当程序的控制流程退出该程序块时，临时占用的存储空间就被释放，该变量原先所具有的值也就不存在了。

存储类别是指数据在内存中存储的方法，按从变量值存在的时间角度来分，可以分为两大类：静态存储和动态存储。

（1）静态存储即在程序运行期间分配固定的存储单元的方式。

（2）动态存储即在程序运行期间根据需要动态地分配存储单元的方式。

变量定义的完整形式应为：

> 存储类型说明符 数据类型说明符 变量名1,变量名2,…;

C语言中表示变量的存储类型的关键字有：auto（自动）、extern（外部）、static（静态）、register（寄存器）。自动变量和寄存器变量属于动态存储方式，外部变量和静态变量属于静态存储方式。

例如：

```
static int a,b;              /* a,b 为静态整型变量*/
auto char c1,c2;             /*c1,c2 为自动字符型变量*/
extern int x,y;              /* x,y 为外部整型变量*/
```

1．自动变量

自动变量（自动存储变量）是指这样一种变量：当程序被模块执行时，系统自动为其分配存储空间，变量的值也存在，当程序模块执行完毕后，其值和存储空间也随之消失。

自动变量的定义格式为：

> [auto] 类型说明符 变量名 [=初值表达式],… ;

在一般情况下，关键字[auto]可以省略。自动变量必须定义在函数体内，或为函数的形参。

自动变量具有如下性质。

（1）作用域的有限性。自动变量是局部变量，其作用域为变量所在的函数或变量所在的分程序。

（2）生存期的短暂性。只有当程序模块被执行时，本模块中的自动变量的值才存在，退出此模块时，本模块中的自动变量的空间被释放。

（3）可见性与存在性的一致性。

（4）独立性。因自动变量的作用域和生存期都局限于定义它的那个模块内，因此不同的模块中允许使用同名的变量而不会混淆。即使在函数内定义的自动变量也可与该函数内部的复合语句中定义的自动变量同名。

（5）未赋初值前的值无意义。

2．静态变量

（1）静态局部变量

有时希望函数中的局部变量的值在函数调用结束后不消失而保留原值，即其占用的存储单元不释放，在下一次该函数调用时，该变量已有值，就是上一次函数调用结束时的值。这时就应该指定该局部变量为"静态局部变量"，其定义格式为：

> Static 类型说明符 变量名[=初始化常量表达式],… ;

静态局部变量属于静态存储方式，它具有以下特点。

① 静态局部变量在函数内定义。但与自动变量不一样，静态局部变量始终存在着，也就是说它的生存期为整个源程序。

② 对局部静态变量是在编译时赋初值的，即只赋一次初值，在程序运行时它已有初值。以后每次调用函数时不再重新赋初值而只是保留上次函数调用结束时的值。而对自动变量赋初值，不是在编译时进行的，而是在函数调用时进行的，每调用一次函数重新给一次初值，相当于执行一次赋值语句。

③ 静态局部变量的生存期虽然为整个源程序，但是其作用域仍与自动变量相同，即只能在定义该变量的函数内使用该变量。退出该函数后，尽管该变量还继续存在，但不能使用它。

④ 若在定义局部变量时不赋初值，则对静态局部变量来说，编译时自动赋以初值0（对数值型变量）或空字符（对字符型变量）。而对自动变量来说，如果不赋初值，则它的值是一个不确定的值。这是由于每次函数调用结束后存储单元已释放，下次调用时又重新另分配存储单元，而

所分配的单元中的值是不确定的。

【例 7.18】 静态局部变量和自动变量。

程序如下：

```
1   #include <stdio.h>
2   #include <stdlib.h>
3   int fun(int x)
4   {
5       int y=0;
6       static int z=2 ;
7       y=y+1;
8       z=z+1;
9       return (x+y+z);
10  }
11  int main()
12  {
13      int a=1,b;
14      for(b=0;b<3;b++)
15              printf("%d\n",fun(a));
16      system("pause");
17      return 0;
18  }
```

程序运行结果：

```
5
6
7
```

程序分析如下。

① 第 5 行定义了一个自动变量 y。

② 第 6 行定义了一个静态局部变量 z。

在第 1 次调用 fun()函数时，y 的初值为 0，z 的初值为 2，第 1 次调用结束时 y=1、z=3、x＋y ＋z=5。由于 z 是局部静态变量，在函数调用结束后，它并不释放，仍保留 z=3。在第 2 次调用 fun() 函数时 y 的初值为 0，而 z 的初值为 3（上次调用结束时的值），静态局部变量和自动变量在调用 过程中的变化比较如图 7-8 所示。

图 7-8 静态局部变量和自动变量在调用过程中的变化比较

（2）静态全局变量

有时在程序设计中有这样的需要：希望某些全局变量只限于被本文件引用而不能被本程序的 其他文件引用。这时可以在定义外部变量时前面加一个 static 说明。例如：

file1.c

```
static  int  a;
void main()
{   ...   }
```

file2.c

```
extern  int  a;
void fun(n)
{
    int  n;
    a=a*n;
}
```

在 file1.c 中定义了一个全局变量 a，但它有 static 说明，因此只能用于本文件，虽然在 file2.c 文件中用了"extern int a;"，但 file2.c 文件中无法使用 file1.c 中的全局变量 a，这种加上 static 说明，只能用于本文件的外部变量（全局变量）称为静态全局变量。

在程序设计中，常由若干人分别完成各个模块，各人可以独立地在其设计的文件中使用相同的外部变量名而互不相干。这就为程序的模块化、通用性提供方便。一个文件与其他文件没有数据联系，可以根据需要任意地将所需的若干文件组合，而不必考虑变量有否同名和文件间的数据交叉。必要时可给文件中所有外部变量都加上 static，成为静态外部变量，以免被其他文件误用。

注意

> 对全局变量加 static 说明，并不意味着该全局变量存放在静态存储区中时才是静态存储，两种形式的全局变量都是静态存储方式，只是作用范围不同而已，都是在编译时分配内存的。

（3）静态局部变量和静态全局变量的区别

静态局部变量和静态全局变量同属静态存储方式，但两者区别较大。

① 定义的位置不同。静态局部变量在函数内定义，静态全局变量在函数外定义。

② 作用域不同。静态局部变量属于内部变量，其作用域仅限于定义它的函数内；虽然生存期为整个源程序，但其他函数是不能使用它的。

静态全局变量在函数外定义，其作用域为定义它的源文件内；生存期为整个源程序，但其他源文件中的函数也是不能使用它的。

③ 初始化处理不同。静态局部变量仅在第一次调用它所在的函数时被初始化，当再次调用定义它的函数时，不再初始化，而是保留上一次调用结束时的值。而静态全局变量是在函数外定义的，不存在静态局部变量的"重复"初始化问题，其当前值由最近一次给它赋值的操作决定。

3．外部变量

外部变量是在函数的外部定义的全局变量，编译时分配在静态存储区。全局变量可以为程序中各个函数所引用。

一个 C 程序可以由一个或多个源程序文件组成。如果程序只由一个源文件组成，使用全局变量的方法前面已经介绍。如果由多个源程序文件组成，那么如果在一个文件中要引用在另一文件中定义的全局变量，应该在需要引用它的文件中，用 extern 进行说明——允许该变量被其他源文件中的函数引用。其格式为：

extern 类型说明符 变量名1,变量名2,…;

【例 7.19】 外部变量的实例。给定 b 的值，输入 a 和 m，求 a×b 和 a^m 的值。

程序如下：

file1.c

```
1    #include <stdio.h>
```

```
2     #include <stdlib.h>
3     int a;              /*定义全局变量*/
4     int main()
5     {
6          int power(int);
7          int b=3,c,d,m;
8          printf("请输入两个数（数据间用逗号隔开）: ");
9          scanf("%d,%d",&a,&m);
10         c=a*b;
11         printf("%d*%d=%d\n",a,b,c);
12         d=power(m);
13         printf("%d 的%d 次方=%d",a,m,d);
14         system("pause");
15         return 0;
16    }
```

file2.c

```
1     extern int a;              /*声明 a 为一个已定义的全局变量*/
2     int power(int n)
3     {
4          int i,y=1;
5          for(i=1;i<=n;i++)
6               y*=a;
7          return y;
8     }
```

程序运行结果：

请输入两个数（数据间用逗号隔开）: 5,6↙

5*3=15

5 的 6 次方=15625

程序分析如下。

本程序包含两个文件 file1.c 和 file2.c。在 file1.c 文件的第 3 行定义了一个外部变量 a。在 file2.c 文件中要引用 file1.c 文件中的变量 a，就要对这个变量进行声明（程序的第 1 行），它说明了在本文件中出现的变量 a 是一个已在本程序的其他文件中定义过的全局变量，本文件不必再次为它分配内存。

4．寄存器变量

寄存器变量具有与自动变量完全相同的性质。当将一个变量定义为寄存器存储类别时，系统将它存放在 CPU 中的一个寄存器中。通常将使用频率较高的变量定义为寄存器变量。寄存器变量的定义格式为：

register 类型说明符 变量名

因计算机系统中寄存器数目不等，寄存器的长度也不同。因此 ANSI C 对寄存器存储类别只作为建议提出，不作硬性统一规定。一般在程序中的寄存器变量的数目有限，若超过规定的数目，超过部分按自动变量处理。一般将 int 型和 char 型变量定义为寄存器变量。

对寄存器变量的说明如下。

（1）只有局部自动变量和形式参数才可以被定义为寄存器变量。因为寄存器变量属于动态存储方式。凡需要采用静态存储方式的变量不能被定义为寄存器变量。

（2）由于 CPU 寄存器的个数是有限的，因此允许使用的寄存器数目是有限的，不能定义任意多个寄存器变量。

【例 7.20】 编程输出 1～5 的阶乘。

程序如下：

```
1    #include <stdio.h>
2    #include <stdlib.h>
3    int  fun(int n)
4    {
5        register int i;
6        register int p=1;
7        for(i=1;i<=n;i++)
8            p=p*i;
9        return p;
10   }
11   int main()
12   {
13       int i;
14       for(i=1;i<=5;i++)
15           printf("%d!=%d\n",i,fun(i));
16       system("pause");
17       return 0;
18   }
```

程序运行结果：

```
1!=1
2!=2
3!=6
4!=24
5!=120
```

程序分析如下。

程序第 5、6 行分别定义了寄存器变量 i 和 p。如果 n 的值大，则能节约许多执行时间。一般对于循环次数较多的循环控制变量及循环体内反复使用的变量均可定义为寄存器变量。

7.7　编译预处理

在前面各章中，已多次使用过以"#"开头的预处理命令，如包含命令#include、宏定义命令#define 等。在源程序中这些命令都放在函数之外，而且一般都放在源文件的前面，它们称为预处理部分。

所谓预处理是指在进行编译的第一遍扫描（词法扫描和语法分析）之前所进行的工作。预处理是 C 语言的一个重要功能，它由预处理程序负责完成。当对一个源文件进行编译时，系统将自动引用预处理程序对源程序中的预处理部分进行处理，处理完毕自动进入对源程序的编译。

编译预处理的特点如下。

（1）所有预处理命令均以"#"开头，在它前面不能出现空格以外的其他字符。

（2）每条命令独占一行。

（3）命令不以";"为结束符，因为它不是 C 语句。

（4）预处理程序控制行的作用范围仅限于说明它们的那个文件。

C 语言提供了多种预处理功能，如宏定义、文件包含、条件编译等。合理使用预处理功能编写的程序便于阅读、修改、移植和调试，也有利于模块化程序设计。本节介绍常用的几种预处理功能。

7.7.1　宏定义

在 C 语言程序中允许用一个标识符来表示一个字符串，称为"宏"。被定义为"宏"的标识符称为"宏名"。在编译预处理时，对程序中所有出现的"宏名"，都用宏定义中的字符串去代换，这称为"宏代换"或"宏展开"。

宏定义是由源程序中的宏定义命令完成的。宏代换是由预处理程序自动完成的。在 C 语言中，"宏"分为有参数和无参数两种。也可以使用#undef 命令终止宏定义的作用域。

1. 无参宏定义

无参宏的宏名后不带参数。其定义的一般形式为：

```
#define 标识符 字符串
```

其中，"#"表示这是一条预处理命令，"define"为宏定义命令，"标识符"为所定义的宏名，"字符串"可以是常数、表达式、格式串等。

宏定义的功能：在进行编译前，用字符串原样替换程序中的标识符。

例如：

```
#define PI 3.1415926
```

在编写源程序时，所有的 3.1415926 都可由 PI 代替，而对源程序进行编译时，先由预处理程序进行宏代换，即用 3.1415926 去置换所有的宏名 PI，再进行编译。

对于宏定义要说明以下几点。

（1）为了与变量相区别，宏名一般用大写字母表示。但这并非规定，也可使用小写字母。

（2）宏定义是用宏名替换一个字符串，不管该字符串的词法和语法是否正确，也不管它的数据类型，即不作任何检查。如果有错误，只能由编译程序在编译宏展开后的源程序时发现。

（3）在宏定义时，可以使用已经定义的宏名，即宏定义可以嵌套，可以层层替换。例如：

```
#define R 3.0
#define PI 3.14159
#define L 2*PI*R
```

（4）在程序中，宏名在源程序中若用引号引起来，则预处理程序不对其进行宏代换。

```
#define OK 100
int main()
{
  printf("OK");
  printf("\n");
}
```

上例中定义宏名 OK 表示 100，但在 printf 语句中 OK 被引号引起来，因此不进行宏代换。程序的运行结果为"OK"。这表示把"OK"当字符串处理。

（5）宏定义是专门用于预处理命令的一个专用名词，它与定义变量的含义不同，只作字符替换，不分配内存空间。

【例 7.21】 输入圆的半径，求圆的周长、面积和球的体积。要求使用无参宏定义圆周率。

程序如下：

```
1    #include <stdio.h>
2    #include <stdlib.h>
3    #define PI 3.1415926
4    int main()
5    {
6        double r,len,s,v;
7        printf ("请输入半径: ");
8        scanf ("%lf",&r);
9        len=2*PI*r;
10       s=PI*r*r;
11       v=PI*r*r*r*4/3;
12       printf("周长=%.7lf\n面积=%.7lf\n体积=%.7lf\n", len, s,v);
```

```
13        system("pause");
14        return 0;
15    }
```

程序运行结果：

请输入半径：5↙
周长=31.4159260
面积=78.5398150
体积=523.5987667

程序分析如下。

程序的第3行定义了一个无参的宏PI。在预处理时，程序的第9、10、11行中宏名都用3.1415926去替换。

2．带参数的宏定义

C 语言允许宏带有参数。宏定义中的参数称为形参，宏调用中的参数称为实参。对带参数的宏，在调用中，不止进行简单的字符串替换，还要进行参数替换。即不仅要宏展开，而且要用实参去替换形参。

带参数的宏定义的一般形式为：

```
#define   宏名(形参表)   字符串
```

其中，宏名后面的括号里是参数，类似函数中的形参表，但此处的形参无类型说明，有多个参数时，参数之间用逗号隔开；字符串中包含形参表中指定的参数。

带参数的宏调用的一般形式为：

```
宏名(实参表);
```

例如：

```
#define M(x,y)  x*y      /*宏定义*/
k=M(3+2,4+5);            /*宏调用*/
```

在宏调用时，用实参3+2 和4+5 去替换形参 x 和 y，经预处理宏展开后的语句为：

```
k=3+2*4+5;
```

【例 7.22】输入圆的半径，求圆的周长、面积和球的体积。要求使用带参数的宏定义完成。

程序如下：

```
1    #include <stdio.h>
2    #include <stdlib.h>
3    #define PI 3.1415926
4    #define LEN(x) 2*PI*x
5    #define S(x)  PI*x*x
6    #define V(x)  4*PI*x*x*x/3
7    int main()
8    {
9        double r,len,s,v;
10       printf ("请输入半径: ");
11       scanf ("%lf",&r);
12       len=LEN(r);
13       s=S(r);
14       v=V(r);
15       printf("周长=%.7lf\n面积=%.7lf\n体积=%.7lf\n", len, s,v);
16       system("pause");
17       return 0;
18   }
```

程序运行结果：

请输入半径：5✓

周长=31.4159260

面积=78.5398150

体积=523.5987667

程序分析如下。

（1）第 4、5、6 行分别定义了带参数的宏 LEN、S 和 V。

（2）第 12、13、14 行分别调用了带参数的宏 LEN、S 和 V。

对于带参的宏定义要说明以下几点。

（1）在宏定义中的形参是标识符，而宏调用中的实参可以是表达式。宏展开时，要用实参去替换对应的形参，但不能对实参进行任何运算。

（2）在带参数的宏定义中，形参不分配内存单元，因此不必作类型定义。而宏调用中的实参有具体的值。要用它们去替换形参，因此必须进行类型说明。这是与函数中的情况不同的。在函数中，形参和实参是两个不同的量，各有自己的作用域，调用时要把实参值赋予形参，进行"值传递"。而在带参数的宏中，只进行符号替换，不存在值传递的问题。

（3）在宏定义中，字符串内的形参通常要用括号括起来以避免出错。

（4）定义带参数的宏时，宏名与左圆括号之间不能留有空格。否则，C 语言编译系统会将空格以后的所有字符均作为替换字符串，而将该宏视为无参宏。

（5）带参的宏和带参函数很相似，但有本质上的不同，把同一表达式用函数处理与用宏处理两者的结果有可能是不同的。

【例 7.23】 函数调用与宏定义。

程序 A：

```
1    #include <stdio.h>
2    #include <stdlib.h>
3    int SQ(int y)
4    {  return (y)*(y); }
5    int main()
6    {    int i=1;
7         while(i<=5)
8         printf("%d\n",SQ(i++));
9         system("pause");
10        return 0;
11   }
```

程序 B：

```
1    #include <stdio.h>
2    #include <stdlib.h>
3    #define SQ(y)  (y)*(y)
4    int main()
5    {
6         int i=1;
7         while(i<=5)
8              printf("%d\n",SQ(i++));
9         system("pause");
10        return 0;
11   }
```

程序 A 的运行结果：

```
1
4
9
16
25
```

程序 B 的运行结果：

```
1
9
25
```

程序分析如下。

在程序 A 中函数名为 SQ，形参为 y，函数体表达式为(y)*(y)；程序 B 中宏名为 SQ，形参也为 y，字符串表达式为(y)*(y)。二者是相同的。程序 A 中的函数调用为 SQ(i++)，程序 B 的宏调用为 SQ(i++)，实参也是相同的。从输出结果来看，却大不相同。请读者自己分析为什么会这样。

从上例可以看出函数调用和宏调用二者在形式上相似，在本质上是完全不同的。

3．取消宏定义

宏定义的作用范围是从宏定义命令开始到程序结束。如果需要在源程序的某处终止宏定义，则需要使用#undef命令取消宏定义。取消宏定义命令#undef 的用法格式为：

```
#undef 标识符
```

其中的标识符是已定义的宏名。

7.7.2　文件包含

文件包含是指一个源文件可以将另一个源文件的全部内容包含进来，即将另外的文件包含到本文件之中。C 语言提供了#include 命令用来实现文件包含的操作。文件包含命令行的一般形式为：

```
#include "包含文件名"
```

或

```
#include <包含文件名>
```

文件包含命令的功能是把指定的文件插入该命令行位置取代该命令行，从而把指定的文件和当前的源程序文件连成一个源文件。

在程序设计中，文件包含是很有用的。一个大的程序可以分为多个模块，由多个程序员分别编程。有些公用的符号常量或宏定义等可单独组成一个文件，在其他文件的开头用包含命令包含该文件即可使用。这样，可避免在每个文件开头都去写那些公用量，从而节省时间，并减少出错。

对文件包含命令还要说明以下几点。

（1）包含命令中的文件名可以用双引号引起来，也可以用尖括号括起来。例如以下写法都是允许的：

```
#include "stdio.h"
#include <math.h>
```

但是这两种形式是有区别的：使用尖括号表示在包含文件目录中去查找（包含目录是由用户在设置环境时设置的），而不在源文件目录中查找；使用双引号则表示首先在当前的源文件目录中查找，若未找到才到包含目录中去查找。用户编程时可根据自己文件所在的目录来选择某一种命令形式。

（2）一个 include 命令只能指定一个被包含文件，若有多个文件要包含，则需用多个 include 命令。

（3）文件包含允许嵌套，即在一个被包含的文件中又可以包含另一个文件。

（4）在包含文件中不能有 main()函数。

7.7.3　条件编译

一般情况下，源程序中所有的行都参加编译。但如果用户希望某一部分程序在满足某条件时才进行编译，否则不编译或按条件编译另一组程序，这时就要用到条件编译。预处理程序提供了条件编译的功能。可以按不同的条件去编译不同的程序部分，从而产生不同的目标代码文件。这对于程序的移植和调试是很有用的。

进行条件编译的宏指令主要有：#if、#ifdef、#ifndef、#endif、#else 等。它们按照一定的方式组合，构成了条件编译的程序结构。下面分别进行介绍。

1. 第一种形式

```
#ifdef 标识符
    程序段1
#else
    程序段2
#endif
```

其功能是：如果标识符已被 #define 命令定义过，则对程序段 1 进行编译；否则对程序段 2 进行编译。

如果没有程序段 2（它为空），本格式中的#else 可以没有，即可以写为：

```
#ifdef 标识符
    程序段
#endif
```

格式中的"程序段"可以是语句组，也可以是命令行。

2. 第二种形式

```
#ifndef 标识符
    程序段1
#else
    程序段2
#endif
```

其功能是：如果标识符未被#define 命令定义过，则对程序段 1 进行编译；否则对程序段 2 进行编译。这与第一种形式的功能正相反。

3. 第三种形式

```
#if 常量表达式
    程序段1
#else
    程序段2
#endif
```

其功能是：如常量表达式的值为真（非 0），则对程序段 1 进行编译；否则对程序段 2 进行编译。因此可以事先给定一定条件，使程序在不同条件下完成不同的功能。

【例 7.24】条件编译实例。

程序如下：

```
1    #include <stdio.h>
2    #include <stdlib.h>
3    #define R 1
4    #define PI 3.14159
5    int main()
6    {
7        float r,s1,s2;
8        printf ("请输入一个数: \n");
9        scanf("%f",&r);
10       #if R
11           s1=PI*r*r;
12           printf("圆的面积为: %f\n",s1);
13       #else
14           s2=r*r;
15           printf("正方形的面积为: %f\n",s2);
16       #endif
17       system("pause");
```

```
18        return 0;
19   }
```

程序运行结果：

请输入一个数：

10

圆的面积为：314.158997

程序分析如下。

本例中采用了第三种形式的条件编译。在程序的第 3 行宏定义中，定义 R 为 1，因此在条件编译时，常量表达式的值为真，故计算并输出圆面积。如果将程序的第 3 行中的 1 改为 0，则计算并输出正方形的面积。

上面介绍的条件编译当然也可以用条件语句来实现。但是用条件语句将会对整个源程序进行编译，生成的目标代码程序很长，而采用条件编译，则根据条件只编译其中的程序段 1 或程序段 2，生成的目标程序较短。如果条件选择的程序段很长，采用条件编译的方法是十分必要的。

本章小结

本章主要介绍了函数的概念、分类、定义、调用、局部变量和全局变量、编译预处理等。

（1）C 语言中的函数可以分为标准库函数和用户自定义函数。

（2）用户自定义函数的一般格式：

```
函数类型 函数名(形参表)
{
    函数体
}
```

（3）函数调用前一般要对函数进行声明。函数调用时，实参的值传递给对应的形参。

（4）函数可以嵌套调用，也可以递归调用。

（5）数组元素只能作为函数的实参。数组可以作为函数参数，当数组作为函数参数时，是将实参数组的地址传递给形参数组。

（6）根据变量的作用范围，变量可分为局部变量和全局变量。根据变量的存储类型，变量可分为自动存储、寄存器存储和静态存储。

（7）预处理指令是以"#"开头的代码行，"#"必须是该行除了任何空白字符外的第一个字符。"#"后是指令关键字，在关键字和"#"之间允许存在任意个数的空白字符，整行语句构成了一条预处理指令，该指令将在编译器进行编译之前对源代码进行某些转换。本章主要介绍了宏定义（define）、文件包含（include）和条件编译 3 种预处理指令。

习题 7

班级_____　姓名_____　学号_____

一、选择题

1. 关于建立函数的目的，以下正确的说法是（　　）。

　　A. 提高程序的执行效率　　　　　　　B. 提高程序的可读性

　　C. 减少程序的篇幅　　　　　　　　　D. 减少程序文件所占内存

2. 以下对 C 语言函数的有关描述中，正确的是（　　）。

　　A. 在 C 中，调用函数时，只能把实参的值传送给形参，形参的值不能传送给实参

    B. C 函数既可以嵌套定义又可以递归调用

    C. 函数必须有返回值，否则不能使用函数

    D. C 程序中有调用关系的所有函数必须放在同一个源程序文件中

3. 以下正确的函数定义形式是（　　　　）。

    A. double fun(int x,int y)　　　　　　　　B. double fun(int x; int y)

    C. double fun(int x, int y);　　　　　　　　D. double fun(int x,y);

4. C 语言规定，简单变量作为实参时，它和对应形参之间的数据传递方式为（　　　　）。

    A. 地址传递　　　　　　　　　　　　　　　B. 由实参传给形参，再由形参传回给实参

    C. 单向值传递　　　　　　　　　　　　　　D. 由用户指定传递方式

5. C 语言允许函数值类型省略定义，此时该函数值隐含的类型是（　　　　）。

    A. float　　　　　　　B. int　　　　　　　　C. long　　　　　　　D. double

6. 以下叙述中不正确的是（　　　　）。

    A. 在 C 语言中，函数的自动变量可以赋值，每调用一次，赋一次初值

    B. 在 C 语言中，在调用函数时，实参和对应形参在类型上只需赋值兼容

    C. 在 C 语言中，外部变量的隐含类别是自动存储类别

    D. 在 C 语言中，函数形参可以说明为 register 变量

7. 以下叙述中不正确的是（　　　　）。

    A. 在不同的函数中可以使用相同名字的变量

    B. 函数中的形参是局部变量

    C. 在一个函数内定义的变量只在本函数范围内有效

    D. 在一个函数内的复合语句中定义的变量在本函数范围内有效

8. 以下所列的各函数首部中，正确的是（　　　　）。

    A. void play(var:Integer,var b:Integer)　　　B. void play(int a,b)

    C. sub play(a as integer,b as integer)　　　D. void play(int a,int b)

9. 在 C 语言中，函数的隐含存储类别是（　　　　）。

    A. auto　　　　　　　B. static　　　　　　　C. extern　　　　　　D. 无存储类别

10. 以下只有在使用时才为该变量分配内存单元的存储类型说明是（　　　　）。

    A. auto 和 static　　　B. auto 和 register　　　C. register 和 static　　D. extern 和 register

11. 以下正确的说法是（　　　　）。

    A. 定义函数时，形参的类型说明可以放在函数体内

    B. return 语句后面不能为表达式

    C. 如果 return 后表达式的类型与函数的类型不一致，以定义函数时的函数类型为准

    D. 如果形参与实参的类型不一致，以实参类型为准

12. 下面叙述中正确的是（　　　　）。

    A. 在程序的一行上可以出现多个有效的预处理命令行

    B. 使用带参的宏时，参数的类型应与宏定义时的一致

    C. 宏替换不占用运行时间，只占用编译时间

    D. 在以下定义中，C 和 R 是称为"宏名"的标识符

```
#define  C  R  045
```

13. 以下正确的描述是（　　　　）。

    A. C 语言的预处理功能是指完成宏替换和包含文件的调用

    B. 预处理指令只能位于 C 源程序文件的首部

    C. 凡是 C 源程序中行首以"#"标识的控制行都是预处理指令

D. C 语言的编译预处理就是对源程序进行初步的语法检查

14. 在"文件包含"预处理语句的使用形式中，当#include 后面的文件名用"<>"（尖括号）括起时，寻找被包含文件的方式是（　　　　）。

    A. 仅仅搜索当前目录

    B. 仅仅搜索源程序所在目录

    C. 直接按系统设定的标准方式搜索目录

    D. 先在源程序所在目录搜索，再按照系统设定的标准方式搜索

二、读程序写结果

1. 下面程序的运行结果是_____。

```c
#include <stdio.h>
#include <stdlib.h>
void fun(int a,int b,int c)
{
  a=b+c;
  b=a+c;
  c=a+b;
  printf("%d,%d,%d\n",a,b,c);
}
int main()
{
  int x=10,y=20,z=30;
  fun(x,y,z);
  printf("%d,%d,%d\n",z,y,x);
  system("pause");
  return 0;
}
```

2. 下面程序的运行结果是_____。

```c
#include <stdio.h>
#include <stdlib.h>
void num()
{
    extern int x,y;
    int a=15,b=10;
    x=a-b;  y=a+b;
}
int x,y;
int main()
{
    int a=7,b=5;
    x=a+b;  y=a-b;
    num();
    printf("%d,%d\n",x,y);
    system("pause");
    return 0;
}
```

3. 下面程序的运行结果是_____。

```c
#include <stdio.h>
#include <stdlib.h>
int func(int a,int b)
{
  static int m=0,i=2;
  i+=m+1;
```

```
    m=i+a+b;
    return (m);
}
int main()
{
    int k=4,m=1,p;
    p=func(k,m);
    printf("%d, ",p);
    p=func(k,m);
    printf("%d\n",p);
    system("pause");
    return 0;
}
```

4. 下面程序的运行结果是＿＿＿＿＿＿＿。

```
#include <stdio.h>
#include <stdlib.h>
int d=1;
void fun(int p)
{
    int d=5;
    d+=p++;
    printf("%d",d);
}
int main()
{
    int a=3;
    fun(a);
    d+=a++;
    printf("%d\n",d);
    system("pause");
    return 0;
}
```

5. 下面程序的运行结果是＿＿＿＿＿＿＿。

```
#include <stdio.h>
#include <stdlib.h>
int main()
{
    void fun(int k);
    int w=5;
    fun(w);
    printf("\n");
    system("pause");
    return 0;
}
void fun(int k)
{
    if(k>0)
        fun(k-1);
    printf("%d",k);
}
```

6. 下面程序的运行结果是＿＿＿＿＿＿＿。

```
#include <stdio.h>
#include <stdlib.h>
int d=1;
```

```c
int fun(int p)
{
    static int d=5;
    d+=p;
    printf("%d ",d);
    return(d);
}
int main()
{
    int a=3;
    printf("%d\n",fun(a+fun(d)));
    system("pause");
    return 0;
}
```

7. 下面程序的运行结果是_____。

```c
#include <stdio.h>
#include <stdlib.h>
#define  MIN(x,y)  (x)<(y)?(x):(y)
int main()
{
    int i=10,j=15,k;
    k=10*MIN(i,j);
    printf("%d\n",k);
    system("pause");
    return 0;
}
```

8. 下面程序的运行结果是_____。

```c
#include <stdio.h>
#include <stdlib.h>
#define   X    5
#define   Y    X+1
#define   Z    Y*X/2
int main()
{
    int a;
    a=Y;
    printf("%d\t",Z);
    printf("%d\n",--a);
    system("pause");
    return 0;
}
```

9. 下面程序运行时输入：2468<回车>，程序的输出结果是_____。

```c
#include <stdio.h>
#include <stdlib.h>
int sub(int n)
{
    return(n/10+n%10);
}
int main()
{
    int x,y;
    scanf("%d",&x);
    y=sub(sub(sub(x)));
    printf("%d\n",y);
    system("pause");
```

```
    return 0;
}
```

10. 下面程序的运行结果是_____。

```
#include <stdio.h>
#include <stdlib.h>
int max1(int x,int y)
{
    int z;
    z=(x>y)?x:y;
    return(z);
}
int main()
{
    int a=1,b=2,c;
    c=max1(a,b);
    printf("max is %d\n",c);
    system("pause");
    return 0;
}
```

三、编程题

1. 编写一个函数计算任一输入的整数的各位数字之和。主函数包括输入/输出和调用该函数。

2. 编程输出如下的图形。要求每行输出字符由一个子函数完成。

****

****

  ****

****

3. 编写一个求 $n!$ 的函数，计算：$c(m,n) = \dfrac{m!}{n!(m-n)!}$。

4. 编写一个函数求任意整数的逆序数。

5. 定义一个带参数的宏，使两个参数的值互换，并写出程序，输入两个数作为使用宏时的实参。输出已交换的两个值。

第 8 章

指针

本章导读

指针是 C 语言中的一种数据类型。运用指针编程是 C 语言主要的风格之一。利用指针变量可以表示各种复杂的数据结构，能很方便地使用数组和字符串，并能像汇编语言一样处理内存地址，从而设计出精炼而高效的程序。指针极大地丰富了 C 语言的功能。

学习指针是学习 C 语言中重要的一环，能否正确理解和使用指针是我们是否掌握 C 语言的一个标志。同时，指针也是 C 语言中学习较为困难的一部分，在学习中除了要正确理解基本概念，还必须多编程，多上机调试。

8.1　指针与指针变量

8.1.1　指针的概念

计算机中的数据都是存放在存储器中的。一般把存储器中的一个字节称为一个内存单元，不同的数据类型所占用的内存单元数不等，如字符量占一个单元等。为了准确方便地访问这些内存单元，必须为每个内存单元编上号。根据内存单元的编号即可准确地找到该内存单元。内存单元的编号叫作地址，通常也把这个地址称为指针。内存单元的指针和内存单元的内容是两个不同的概念。对于一个内存单元来说，单元的地址即为指针，其中存放的数据才是该单元的内容。

一般来说，程序中所定义的任何变量经相应的编译系统处理后，每个变量都占据一定数目的内存单元，不同类型的变量所分配的内存单元的字节数是不一样的。变量所占内存单元的首字节地址称作变量的地址。在程序中一般通过变量名来对内存单元进行存取操作，其实程序经过编译后已经将变量名转换为变量的地址，由此可知，程序在执行过程中，对变量的存取实际上是通过变量的地址来进行的。

在 C 语言中，允许用一个变量来存放指针，这种变量称为指针变量。因此，一个指针变量的值就是某个内存单元的地址或称为某内存单元的指针。在 C 语言中，可以通过变量名直接存取变量的值，这种方式称为"直接访问"方式。还可以采用另一种称为"间接访问"的方式，当要存取一个变量值时，首先从存放变量地址的指针变量中取得该变量的存储地址，然后再从该地址中存取该变量值。

8.1.2　指针变量的定义

指针变量的定义包括 3 个内容：指针类型说明，即定义变量为一个指针变量；指针变量名；变量值（指针）所指向的变量的数据类型。其一般格式为：

```
类型说明符  *变量名;
```

其中，"*"表示这是一个指针变量，变量名即定义的指针变量名，类型说明符表示本指针变量所指向的变量的数据类型。

例如：

```
int *p1;
```

表示 p1 是一个指针变量，它的值是某个整型变量的地址，或者说 p1 指向一个整型变量。至于 p1 究竟指向哪一个整型变量，应由向 p1 赋予的地址来决定。

再如：

```
int *p2;        /*p2 是指向整型变量的指针变量*/
float *p3;      /*p3 是指向浮点变量的指针变量*/
char *p4;       /*p4 是指向字符型变量的指针变量*/
```

> **注意**
>
> 一个指针变量只能指向同类型的变量，如 p1 只能指向整型变量，不能时而指向一个整型变量，时而又指向一个字符型变量。

8.2   指针的运算

8.2.1   有关指针的两个运算符

1. 取地址运算符 "&"

取地址运算符 "&" 是单目运算符，其结合性为自右至左，其功能是取变量的地址，其操作数必须是变量。其一般形式为：

```
&变量名;
```

例如，&a 表示变量 a 的地址，&b 表示变量 b 的地址。变量本身必须先定义。

若一指针变量 p 的值为另一变量 a 的地址，我们称该指针变量 p 指向了变量 a。若有：

```
int b=3,*p;
p=&b;
```

则称 p 指向了 b（见图 8-1）。

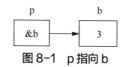

图 8-1   p 指向 b

2. 取内容运算符 "*"

取内容运算符 "*" 是单目运算符，其结合性为自右至左，用来表示指针变量所指的变量。在 "*" 运算符之后的操作数必须是指针变量或指针常量。例如：

```
int b=3,*p;
p=&b;
```

则 *p 得到的是变量 b（或 3）。

需要注意的是取内容运算符 "*" 和指针变量定义中的指针说明符 "*" 不是一回事。在指针变量定义中，"*" 是类型说明符，表示其后的变量是指针类型。而表达式中出现的 "*" 则是一个运算符，用以表示指针变量所指的变量。

【例 8.1】 指针变量的引用。

程序如下：

```
1    #include <stdio.h>
2    #include <stdlib.h>
3    int main()
4    {
5        int a=10,b=20,s,t,x,y;
6        int *pa,*pb;          /*说明 pa、pb 为整型指针变量*/
7        pa=&a;                /*给指针变量 pa 赋值，pa 指向变量 a*/
8        pb=&b;                /*给指针变量 pb 赋值，pb 指向变量 b*/
9        x=a+b;
10       y=a*b;
11       s=*pa+*pb;
12       t=*pa**pb;
13       printf("a+b=%d\na*b=%d\n",x,y);
14       printf("a+b=%d\na*b=%d\n",s,t);
15       system("pause");
16   return 0;
17   }
```

程序运行结果：

```
a+b=30
```

```
a*b=200
a+b=30
a*b=200
```

程序分析如下。

（1）第 6 行定义了两个指针变量 pa 和 pb，它们都指向执行数据。

（2）第 7、8 行分别对指针变量 pa 和 pb 赋值，使它们分别指向变量 a 和 b。

（3）第 9、10 行分别通过变量名 a 和 b 来引用值对变量 x 和 y 进行赋值（直接引用）。

（4）第 11、12 行分别通过指针变量 pa 和 pb 来引用值对变量 s 和 t 进行赋值（间接引用）。

8.2.2　赋值运算

指针变量的赋值运算有以下几种形式。

（1）指针变量初始化赋值。

例如：

```
int a,*pa=&a; /*用变量 a 的地址&a 对整型指针变量 pa 进行初始化*/
```

（2）把一个变量的地址赋予指向相同数据类型的指针变量。

例如：

```
int a,*pa;
pa=&a;              /*把整型变量 a 的地址赋予整型指针变量 pa*/
```

（3）把一个指针变量的值赋予指向相同类型变量的另一个指针变量。

例如：

```
int a,*pa=&a,*pb;
pb=pa;             /*把 a 的地址赋予指针变量 pb*/
```

由于 pa 和 pb 均为指向整型变量的指针变量，因此可以相互赋值。

（4）把数组的首地址赋予指向数组的指针变量。

例如：

```
int a[5],*pa;
pa=a;
```

也可写为：

```
pa=&a[0];
```

> **注意**
>
> 　　数组名表示数组的首地址，故可赋予指向数组的指针变量 pa，数组第一个元素的地址也是整个数组的首地址，也可赋给 pa。
>
> 　　当然也可采取初始化赋值的方法：
>
> ```
> int a[5],*pa=a;
> ```

（5）把字符串的首地址赋给指向字符类型的指针变量。

例如：

```
char *pc;
pc="c language";
```

或用初始化赋值的方法写为：

```
char *pc="C Language";
```

这里应说明的是并不是把整个字符串装入指针变量，而是把存放该字符串的字符数组的首地址装入指针变量。

8.2.3　加减算术运算

对指针变量，可以加上或减去一个整型量，指针变量也可以进行自增、自减运算。即下面的运算是合法的：

pa+n,pa−n,pa++,++pa,pa−−,−−pa

指针变量加或减一个整数 n 的意义是把指针指向的当前位置向前或向后移动 n 个位置。

> **注意**
>
> 　　指针变量向前或向后移动一个位置和地址加 1 或减 1 在概念上是不同的。因为指针指向的数据可以有不同的类型，各种类型的数据所占的字节长度是不同的。如指针变量加 1，即向后移动 1 个位置表示指针变量指向下一个数据的首地址。而不是在原地址基础上加 1。

例如：

```
int a[5],*pa;
pa=a;          /*pa 指向数组 a，也是指向 a[0]*/
pa=pa+3;       /*pa 指向 a[3]，即 pa 的值为&pa[3]*/
pa=pa-2;       /*pa 指向 a[1]，即 pa 的值为&pa[1]*/
```

指针变量的加减运算只能对数组指针变量进行，对指向其他类型变量的指针变量进行加减运算是毫无意义的。

8.2.4　两个指针变量之间的运算

只有指向同一数组的两个指针变量之间才能进行运算，否则运算毫无意义。

1．两指针变量相减

两指针变量相减所得之差是两个指针所指数组元素之间相差的元素个数。实际上是两个指针值（地址）相减之差再除以该数组元素的长度（字节数）。

例如，pf1 和 pf2 是指向同一浮点数组的两个指针变量，设 pf1 的值为 2010H，pf2 的值为 2000H，而浮点数组每个元素占 4 个字节，所以 pf1−pf2 的结果为(2000H−2010H)/4=4，表示 pf1 和 pf2 之间相差 4 个元素。

> **注意**
>
> 　　两个指针变量不能进行加法运算。

2．两指针变量进行关系运算

指向同一数组的两指针变量进行关系运算可表示它们所指数组元素之间的关系。例如：

pf1==pf2 表示 pf1 和 pf2 指向同一数组元素；

pf1>pf2 表示 pf1 处于高地址位置；

pf1<pf2 表示 pf1 处于低地址位置。

8.3　多级指针

如果一个指针变量存放的又是另一个指针变量的地址，则称这个指针变量为指向指针的指针变量。

通过指针访问变量称为间接访问。由于指针变量直接指向变量，所以称为单级间接访问。而如果通过指向指针的指针变量来访问变量则构成了二级或多级间接访问。

在 C 语言程序中，对间接访问的级数并未明确限制，但是间接访问级数太多时不容易理解，也容易出错，因此，一般很少超过二级间接访问。

指向指针的指针变量说明的一般形式为：

类型说明符 **指针变量名；

例如：

```
int **pp;
```

表示 pp 是一个指针变量，它指向另一个指针变量，而这个指针变量指向一个整型量。

【例8.2】 二级指针变量的实例。

程序如下：

```
1    #include <stdio.h>
2    #include <stdlib.h>
3    int main()
4    {
5        int x,*p,**pp;
6        x=10;
7        p=&x;
8        pp=&p;
9        printf("x=%d\n",**pp);
10       system("pause");
11   return 0;
12   }
```

程序运行结果：

```
x=10
```

程序分析如下。

（1）第 5 行定义了一级指针变量 p、二级指针变量 pp。指针变量 p 指向变量 x（程序的第 7 行），指针 pp 变量指向了指针变量 p（程序的第 8 行）。

（2）第 9 行通过指针变量 pp 访问 x。

【例8.3】 输入两个整数，输出其最大值。

程序如下：

```
1    #include <stdio.h>
2    #include <stdlib.h>
3    int main()
4    {
5        int x,y,*p;
6        printf("请输入两个整数: \n");
7        scanf("%d,%d",&x,&y);
8        if(x>y)
9            p=&x;
10       else
11           p=&y;
12       printf("较大的数是: %d\n",*p);
13       system("pause");
14       return 0;
15   }
```

程序运行结果：

请输入两个整数: 34,56✓

较大的数是：56

程序分析如下。

（1）第5行定义了一个指针变量p。

（2）第9、11行将最大值所在的地址赋值给指针变量p。

（3）第12行输出p所指向的地址中存储的值。

8.4　指针与数组

指针和数组有着密切的关系，任何能由数组下标完成的操作都可用指针来实现，用指针对数组进行操作，可使程序代码更紧凑、更灵活。

数组是同一类型变量组成的有序集合，其本身存储的是各种类型的数据；而指针是专门用来存放变量的地址，当一个指针变量指向某一数组时，在对该数组元素的存取方式上，通过数组的下标访问数组元素与通过数组指针的运算访问数组元素是十分相似的。

一个变量可以有一个地址与之相对应，而一个数组包含若干个元素。每个数组元素都在内存中占用存储单元，同样有一个地址与之相对应。

8.4.1　一维数组的指针表示

前面我们已经知道，当指针变量p指向变量a时，可用*p来引用变量a。那么当指针变量p指向数组时，怎样用指针来引用数组元素呢？

设有如下说明：

```
int a[10],*p=a;
```

则有p+i和a+i就是数组元素a[i]的地址，即p+i、a+i和&a[i]等价；*(p+i)和*(a+i)就是数组元素a[i]，即*(p+i)、*(a+i)和a[i]等价。

如果指针变量p指向数组a（即p=a），即int a[10],*p=a;。

（1）p++：p指向下一元素，即a[1]。

（2）*p++：先得到指针变量p所指向的变量的值（即*p），再使p+1→p。

（3）*(p++)与*(++p)的区别：

① *(p++)：先取*p值，然后使p加1；

② *(++p)：先p加1，再取*p值。

（4）(*p)++：p所指向的元素值加1，即(a[0])++，元素值加1，不是指针值加1。

（5）a+i 是数组元素a[i]的地址，即&a[i]，那么，p+i 和a+i 都可表示a[i]的地址指向数组的第i号元素。其中，*(p+i)和*(a+i)表示a+i 所指对象的内容，即数组元素的值；描述某个数组元素的值，*(p+i)、*(a+i)、a[i] 3种方式是等价的。

【例8.4】用指针方式完成数组元素的输入与输出。

程序如下：

```
1    #include <stdio.h>
2    #include <stdlib.h>
3    int main()
4    {
5        int a[10],*p,i;
6        p=a;
7        printf("请输入10个整数：\n");
8        for(i=0;i<10;i++)
9            scanf("%d",p+i);
```

```
10          printf("输入的 10 个整数是: \n");
11          for(i=0;i<10;i++)
12              printf("%d ",*(p+i));
13          system("pause");
14          return 0;
15      }
```

程序运行结果:

请输入 10 个整数:

12 34 56 78 90 21 43 65 76 87↙

输入的 10 个整数是:

12 34 56 78 90 21 43 65 76 87

程序分析如下。

（1）第 6 行表示指针 p 指向数组 a。

（2）第 9 行中的 p+i 表示数组元素 a[i]的地址&a[i]。

（3）第 12 行中的*(p+i)表示数组元素 a[i]。

【例 8.5】 计算并输出一个数组中所有元素的和、最大值、最小值、值为奇数的元素个数。

程序如下:

```
1   #include <stdio.h>
2   #include <stdlib.h>
3   int main()
4   {
5       int i, a[10],*p, Sum, Max, Min, Num;
6       p=a;
7       printf("请输入 10 个整数: ");
8       for(i=0;i<10;i++)
9           scanf("%d",p+i);
10      Sum=0;
11      for(i=0;i<10;i++)
12          Sum=Sum+*(p+i);
13      Max=Min=*p;
14      Num=0;
15      for(i=0;i<10;i++)
16      {
17          if(*(p+i)>Max)
18              Max=*(p+i);
19          if(*(p+i)<Min)
20              Min=*(p+i);
21          if(*(p+i)%2==1)
22              Num++;
23      }
24      printf("元素的和=%d\n 最大值=%d\n",Sum,Max);
25      printf("最小值=%d\n 奇数个数=%d\n",Min,Num);
26      system("pause");
27      return 0;
28  }
```

程序运行结果:

请输入 10 个整数: 23 54 23 5 3 65 34 65 5 23↙

元素的和=300

最大值=65

最小值=3

奇数个数=8

程序分析如下。

（1）第 5 行定义的变量 Sum、Max、Min 和 Num 分别用于保存元素的和、最大值、最小值和奇数的元素个数。

（2）第 6 行表示指针 p 指向数组 a。

（3）第 9 行中的 p+i 表示数组元素 a[i]的地址&a[i]。

（4）第 12、18、20、21 行中的*(p+i)表示数组元素 a[i]。

（5）第 13 行表示第一个元素是最大值也是最小值。

8.4.2　二维数组的指针表示

1．二维数组元素的地址

对于一个具有 n 行 m 列的二维数组 a，可以将 a 看成一个长度为 n 的一维数组，数组中的每一个元素又是一个长度为 m 的一维数组。

从二维数组的角度来看，a 代表二维数组的首地址，当然也可看成二维数组第 0 行的首地址。a+1 就代表第 1 行的首地址，a+2 就代表第 2 行的首地址。

因此，a[i]是一个一维数组名，即 a[i]代表第 i 行的首地址，a[i]+j 即代表第 i 行第 j 列元素的地址，即&a[i][j]。

另外，在二维数组中，我们还可用指针的形式来表示各元素的地址。如前所述，a[0]与*(a+0)等价，a[1]与*(a+1)等价，因此 a[i]+j 就与*(a+i)+j 等价，它表示数组元素 a[i][j]的地址。

因此，二维数组元素 a[i][j]可表示成*(a[i]+j)或*(*(a+i)+j)，它们都与 a[i][j]等价，或者还可写成(*(a+i))[j]。即有如下关系成立。

a+i↔a[i]↔*(a+i)↔&a[i][0]

((a+i)+j)↔a[i][j]

例如，对于具有 3 行 4 列的二维数组 a，其各元素对应的地址如图 8-2 所示。

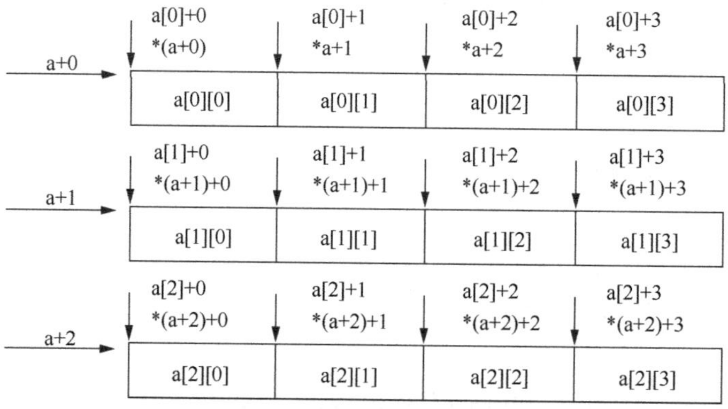

图 8-2　二维数组各元素的地址

2．用一级指针引用二维数组元素

由于二维数组在存储时是线性存储的，因而可以用一级指针来引用二维数组的元素。其一般形式为：

设有如下定义（其中 M 和 N 是已经定义了的符号常量）：

```
int a[M][N],*p=a[0];
```

则有 p+i*N+j 表示了数组元素 a[i][j]的地址；*(p+i*N+j)表示了数组元素 a[i][j]。即有：

p+i*N+j ↔ &a[i][j]

*(p+i*N+j) ↔ a[i][j]

【例 8.6】 求 5 阶方阵的主对角元素之和。

程序如下:

```
1    #include <stdio.h>
2    #include <stdlib.h>
3    #define M 5
4    int main()
5    {
6        int a[M][M],*p,i,j,sum=0;
7        p=a[0];
8        printf("请输入方阵的各个元素: \n");
9        for(i=0; i < M; i++)
10           for(j=0; j < M; j++)
11               scanf("%d",p+i*M+j);
12       for(i=0; i < M; i++)
13           sum=sum+*(p+i*M+i);
14       printf("主对角元素之和=%d\n",sum);
15       system("pause");
16       return 0;
17   }
```

程序运行结果:

请输入方阵的各个元素:

12 34 56 32 65✓

32 54 64 34 56✓

34 56 34 78 89✓

56 34 23 78 90✓

45 23 12 56 78✓

主对角元素之和=256

程序分析如下。

（1）第 6 行定义了二维数组 a 和一级指针变量 p。

（2）第 7 行表示指针变量 p 指向了数组 a 的第一行的首地址。

（3）第 11 行中的 p+i*M+j 表示元素 a[i][j] 的地址。

（4）第 13 行中的*(p+i*M+i) 表示元素 a[i][i]。

3. 用指向由 n 个元素构成的一维数组的指针表示二维数组的元素

在 C 语言中，定义指向一个由 n 个元素所组成的数组指针的格式为:

类型说明符 (* 指针变量名) [大小];

此指针也称为行指针。

例如:

```
int (*p)[5];
```

其中，指针 p 为指向一个由 5 个元素所组成的整型数组的指针。在定义中，圆括号是不能少的，否则它是指针数组。这种数组的指针不同于前面介绍的整型指针，当整型指针指向一个整型数组的元素时，进行指针加 1 运算，表示指向数组的下一个元素，而如上所定义的指向一个由 5 个元素组成的数组的指针，进行指针加 1 运算时，是以整个数组所占的存储单元个数作为增减基本单元的，即指向下一个数组，也就是移动了 5 个元素。这种数组指针在 C 语言中用得较少，但在处理二维数组时，还是很方便的。

用行指针表示二维数组的一般形式如下。

设有如下定义（其中 M 和 N 是已经定义了的符号常量）：

```
int a[M][N],(*p)[N]=a;
```

则有：

p+i ↔a+i ↔ a[i]

*(p+i)+j ↔ &a[i][j]

((p+i)+j) ↔ a[i][j]

【例 8.7】用行指针方式求 5 阶方阵的主对角元素之和。

程序如下：

```
1    #include <stdio.h>
2    #include <stdlib.h>
3    #define M 5
4    int main()
5    {
6         int a[M][M],(*p)[M],sum=0;
7         int i,j;
8         p=a;
9         printf("请输入方阵的各个元素：\n");
10        for(i=0; i < M; i++)
11             for(j=0; j < M; j++)
12                  scanf("%d",*(p+i)+j);
13        for(i=0; i < M; i++)
14             sum=sum+*(*(p+i)+i);
15        printf("主对角元素之和=%d\n",sum);
16        system("pause");
17        return 0;
18   }
```

程序运行结果：

请输入方阵的各个元素：

1 2 3 4 5↙

2 3 4 5 6↙

3 4 5 6 7↙

4 5 6 7 8↙

5 6 7 8 9↙

主对角元素之和=25

程序分析如下。

（1）第 6 行定义了二维数组 a 和行指针变量 p。

（2）第 8 行表示指针变量 p 指向了数组 a。

（3）第 12 行中的*(p+i)+j 表示元素 a[i][j]的地址。

（4）第 14 行中的*(*(p+i)+i)表示元素 a[i][i]的地址。

8.4.3 指针数组

一个元素为指针的数组称为指针数组。指针数组是一组有序的指针的集合。指针数组的所有元素都必须是具有相同存储类型和指向相同数据类型的指针变量。

1. 指针数组定义

格式：

类型标识符 *数组名[常量表达式]

其中，类型标识符表示每个指针数组元素所指向的变量的类型。

例如：

```
int *p[4];
```

定义了 4 个元素的指针数组 p[0]、p[1]、p[2]、p[3]，数组中的每个数组元素都是一个指向整型变量的指针。

字符指针数组常用来表示一组字符串，这时指针数组的每个元素被赋予一个字符串的首地址。指向字符串的指针数组的初始化更为简单。例如：

```
char *name[]={"Illegal day","Monday","Tuesday","Wednesday","Thursday","Friday",
"Saturday", "Sunday"};
```

完成这个初始化赋值之后，name[0]即指向字符串"Illegal day"，name[1]指向"Monday"，…，name[7]指向"Sunday"。

【例 8.8】 有 4 个字符串，按字母顺序排列输出。

程序如下：

```
1    #include <stdio.h>
2    #include <stdlib.h>
3    #include <string.h>
4    int main()
5    {
6        char *st;
7        char *cs[4]={"WXYZ","7654321","ABCD","ABDCFE"};
8        int i,j,p;
9        for(i=0;i<3;i++)
10       {
11           p=i;
12           st=cs[i];
13           for(j=i+1;j<4;j++)
14                if(strcmp(cs[j],st)<0)
15                {
16                    p=j;
17                    st=cs[j];
18                }
19           if(p!=i)
20           {
21               st=cs[i];
22               cs[i]=cs[p];
23               cs[p]=st;
24           }
25       }
26       for(i=0;i<4;i++)
27           printf("%s\n",cs[i]);
28       system("pause");
29       return 0;
30   }
```

程序运行结果：

```
7654321
ABCD
ABDCFE
WXYZ
```

程序分析如下。

（1）第 7 行定义了一个字符指针数组 cs 并进行了初始化，它有 4 个元素。

（2）第 9 行中 i 控制基点位置。

（3）第 11～18 行找出从基点位置的字符串到最后一个字符串中最小的字符串的位置 p。

（4）第19~24行判定 p 是不是基点位置，若不是则交换对应的数组元素。

2．用指针数组表示二维数组

设有二维数组：int a[4][3];，用指针数组表示 a 就是把 a 看成 4 个一维数组，并说明有 4 个元素的指针数组 pa，用于集中存放 a 的每一维元素的首地址，且使指针数组的每个元素 pa[i]指向 a 的相应行。

例如：

```
int *pa[4],a[4][3];
pa[0]=&a[0][0];  /*或pa[0]=a[0];*/
pa[1]=&a[1][0];  /*或pa[1]=a[1];*/
pa[2]=&a[2][0];  /*或pa[2]=a[2];*/
pa[3]=&a[3][0];  /*或pa[3]=a[3];*/
```

则有：

pa[i]+j↔&a[i][j]

*(pa[i]+j)↔a[i][j];

用指针数组表示二维数组在效果上与用数组的下标表示相同，只是表示形式不同；但用指针方式存取数组元素比用下标速度快，而且每个指针所指向的数组元素个数可以不同。

【例8.9】用指针数组操作二维数组。

程序如下：

```
1    #include <stdio.h>
2    #include <stdlib.h>
3    int main()
4    {
5        int a[3][4],*p[3];
6        int i,j;
7        for(i=0;i<3;i++)
8            p[i]=a[i];
9        printf("请输入数组的各个元素: \n");
10       for(i=0;i<3;i++)
11           for(j=0;j<4;j++)
12               scanf("%d",p[i]+j);
13       printf("输入的数组是: \n");
14       for(i=0;i<3;i++)
15       {
16           for(j=0;j<4;j++)
17               printf("%4d",*(p[i]+j));
18           printf("\n");
19       }
20       system("pause");
21       return 0;
22   }
```

程序运行结果：

请输入数组的各个元素:

2 3 4✓

4 5 6✓

6 7 8✓

输入的数组是:

1   2   3   4

3   4   5   6

5   6   7   8

程序分析如下。

（1）第5行定义了一个二维数组 a 和一个指针数组 p。

（2）第7~8行将数组 a 的每行的首地址赋给指针数组的对应元素。

（3）第12行中的 p[i]+j 表示了元素 a[i][j]的地址&a[i][j]。

（4）第17行中的*(p[i]+j)表示了元素 a[i][j]。

8.5　指针与字符串

在第 6 章中，我们知道对字符串的操作可以通过字符数组来进行。本节介绍如何用字符指针对字符串进行操作。

我们知道可以用字符串对字符数组进行初始化，如：

```
char astr[ ]= "It's a string";  /*数组长度为初值长度加1*/
```

此时，数组的长度为字符串的长度加 1，数组中存储的是整个字符串。数组定义完后，就不能用字符串来对字符数组进行赋值了，如下面所示的操作是错误的。

```
astr= "It's string2";
```

在 C 语言中也可以用字符串来初始化一个字符指针，如：

```
char *pstr="It's a string";
```

此时，pstr 的空间中存储的是字符串的首地址，即 pstr 指向了字符串"It's a string"。

与字符数组不同，字符串可以赋给一个字符指针。因此，使一个字符指针指向一个字符串，也可以采用下面的方式：

```
char *pstr;
pstr="It's a string";  /*将字符串的首地址赋给字符指针变量pstr*/
```

指针变量 pstr 可用于输入/输出整个字符串;通过指针逐步加1可由*pstr 引用字符串中的每个元素。

【例 8.10】 字符指针逐个引用字符串中的字符。

程序如下：

```
1    #include <stdio.h>
2    #include <stdlib.h>
3    int main()
4    {
5        char *pstr="I am a student";
6        int i=0;
7        while(*pstr!='\0')
8            putchar(*pstr++);
9        system("pause");
10       return 0;
11   }
```

程序运行结果：

```
I am a student
```

程序分析如下。

（1）第5行定义了一个字符指针和一个字符串，并对其进行了初始化。

（2）第7~8行逐个引用字符串中的字符并输出。

【例 8.11】 字符指针引用整个字符串。

程序如下：

```
1    #include <stdio.h>
2    #include <stdlib.h>
3    int main()
```

```
4    {
5        char *pstr1="123456789";
6        int i;
7        for(i=0;i<9;i++)
8        {
9            puts(pstr1);
10           pstr1++;
11       }
12       system("pause");
13       return 0;
14   }
```

程序运行结果：

```
123456789
23456789
3456789
456789
56789
6789
789
89
9
```

程序分析如下。

（1）第 5 行定义了一个字符指针和一个字符串，并对其进行了初始化。

（2）第 9 行输出从 pstr 指针指向的字符开始的字符子串。

（3）第 10 行将 pstr 指针指向字符串的下一个字符。

8.6 指针与函数

8.6.1 指针作函数参数

函数间的参数传递有两种：值传递和地址传递。在值传递的方式下，将实参的值传递给形参变量，对形参变量的操作不会改变实参变量的值（传值调用的单向性）。对于传址调用，在前面介绍过数组作为函数参数，即数组名作为实参，数组定义作为形参。本节介绍指针作为函数参数，参数传递时采用的是传址方式。其实现方法如下。

被调函数中的形参：指针变量。

主调函数中的实参：地址表达式，一般为变量的地址或取得变量地址的指针变量。

【例 8.12】 用函数调用交换两个变量的值。

程序如下：

```
1    #include <stdio.h>
2    #include <stdlib.h>
3    void swap(int *ptr1, int *ptr2)
4    {
5        int temp;
6        temp=*ptr1;
7        *ptr1=*ptr2;
8        *ptr2=temp;
9    }
10   int main()
11   {
12       int a, b;
```

```
13          printf("请输入两个数: \n");
14          scanf("%d%d", &a, &b);
15          swap(&a, &b);
16          printf("a=%d,b=%d\n",a, b);
17          system("pause");
18          return 0;
19  }
```

程序运行结果:

请输入两个数:

12 34✓
a=34,b=12

程序分析如下。

（1）第 3～9 行定义了一个函数 swap()，它有两个指针参数。

（2）第 15 行调用 swap()函数，实参为两个地址值。

swap()函数的功能是交换两个变量（a 和 b）的值。swap()函数的形参 ptr1、ptr2 是指针变量。程序运行时，先执行 main()函数，输入 a 和 b 的值（设输入的值分别是 12 和 34）。然后调用 swap()函数。在函数调用时，将实参地址传递给形参指针变量。因此形参 ptr1 的值为&a，ptr2 的值为&b。这时 ptr1 指向变量 a，ptr2 指向变量 b，如图 8-3 所示。

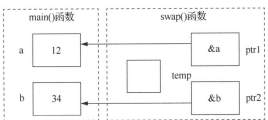

图 8-3 ptr1 指向变量 a，ptr2 指向变量 b

然后执行 swap()函数中的第 6 行，将 ptr1 所指向的空间的值（即 a 的值）赋给变量 temp，如图 8-4 所示。

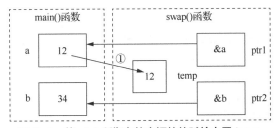

图 8-4 将 ptr1 所指向的空间的值赋给变量 temp

再执行 swap()函数中的第 7 行，将 ptr2 所指向的空间的值（即 b 的值）赋给 ptr1 所指向的变量（即 a），如图 8-5 所示。

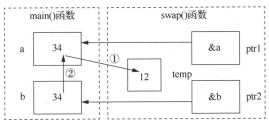

图 8-5 将 ptr2 所指向的空间的值赋给 ptr1 所指向的变量

最后执行 swap() 函数中的第 8 行，将 temp 的值赋给 ptr2 所指向的变量（即 b），如图 8-6 所示。

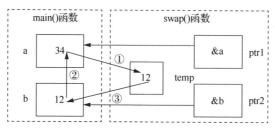

图 8-6　将 temp 的值赋给 ptr2 所指向的变量

至此，swap() 函数执行完毕，为其运行分配的空间被释放，此时 main() 函数中变量 a 和 b 的值发生了交换。最后在 main() 函数中输出的 a 和 b 的值是已经交换过的值。

【例 8.13】从键盘输入 10 个数，按从小到大的顺序输出。

分析：要完成本题，我们需要完成下面 4 步。

s1：输入 10 个数据。

s2：输出排序前的数据。

s3：将数据进行排序。

s4：输出排序后的数据。

每一步用一个函数来完成，为此，需要编写 3 个函数分别完成每一步，再编写一个主函数调用这 3 个函数完成本题。

程序如下：

```
1    #include <stdio.h>
2    #include <stdlib.h>
3    void input_data(int *b,int n)   /*数据输入*/
4    {
5        int i;
6        for(i=0;i<n;i++)
7            scanf("%d",b+i);
8    }
9    void out_data(int *b,int n)   /*数据输出*/
10   {
11       int i;
12       for(i=0;i<n;i++)
13           printf("%5d",*(b+i));
14       printf("\n");
15   }
16   void sort_xuanze(int *a,int n)  /*数据排序*/
17   {
18       int i,j,t,temp;
19       for(i=0;i<n-1;i++)
20       {
21           t=i;
22           for(j=i+1;j<n;j++)
23               if (*(a+t)>*(a+j))
24                   t=j;
25           temp=*(a+i);*(a+i)=*(a+t);*(a+t)=temp;
26       }
27   }
```

```
28   int main()   /* 主函数*/
29   {
30       int a[10];
31       printf("请输入 10 个数据: \n");
32       input_data(a,10);
33       printf("输入的数据是: \n");
34       out_data(a,10);
35       sort_xuanze(a,10);
36       printf("排序后的数据是: \n");
37       out_data(a,10);
38       system("pause");
39       return 0;
40   }
```

程序运行结果:

请输入 10 个数据:

21 54 32 67 34 89 45 89 34 67✓

输入的数据是:

21 54 32 67 34 89 45 89 34 67

排序后的数据是:

21 32 34 34 45 54 67 67 89 89

程序分析如下。

（1）第 3～8 行、第 9～15 行、第 16～27 行分别定义了 input_data()、out_data()和 sort_xuanze() 3 个函数，它们的第一个形参是指针，分别用于数据输入、数据输出和数据排序。

（2）第 32 行调用 input_data()函数完成数据的输入。

（3）第 34、37 行分别调用 out_data()函数完成数据的输出。程序的 35 行调用 sort_xuanze()函数完成数据的排序。调用这 3 个函数时，对应的实参用的是数组名。当然，我们也可以用指向数组的指针。如将本例中的主函数改写成如下形式:

```
int main()   /* 主函数*/
{
    int a[10],*p;
    p=a;
    printf("请输入 10 个数据: \n");
    input_data(p,10);
    printf("输入的数据是: \n");
    out_data(p,10);
    sort_xuanze(p,10);
    printf("排序后的数据是: \n");
    out_data(p,10);
    system("pause");
    return 0;
}
```

运行结果是一样的。

有了指针作函数参数，我们就可以从一个函数中返回多个值了。

【例 8.14】输入 10 个学生某门功课的成绩，求它们的最高分、最低分和平均分。

程序如下:

```
1   #include <stdio.h>
2   #include <stdlib.h>
3   double ave(int *p,int n,int *max,int *min)
4   {
```

```
5          int i;
6          double sum=*p;
7          *max=*min=*p;
8          for(i=1;i<n;i++)
9          {
10              sum=sum+*(p+i);
11              if(*(p+i)>*max)
12                  *max=*(p+i);
13              if(*(p+i)<*min)
14                  *min=*(p+i);
15         }
16         return sum/n;
17    }
18    void input_data(int *b,int n)
19    {
20         int i;
21         for(i=0;i<n;i++)
22              scanf("%d",b+i);
23    }
24    int main()
25    {
26         int a[10],Max,Min;
27         double average;
28         printf("请输入 10 个数据: \n");
29         input_data(a,10);
30         average=ave(a,10, &Max,&Min);
31         printf("平均分=%lf\n最高分=%d\n最低分=%d\n", average,Max,Min);
32         system("pause");
33         return 0;
34    }
```

程序运行结果:

```
请输入 10 个数据:
89 97 69 57 86 77 68 87 82 90
平均分=80.200000
最高分=97
最低分=57
```

程序分析如下。

（1）第 3~17 行定义了一个函数 ave()，它有 4 个形参，其中第 1、3、4 个参数都是指针，用于求指针 p 所指向的一批数据的最大值、最小值和平均值，将平均值通过函数返回值返回，最大值和最小值分别存放在指针 max 和 min 指向的地址空间中。

（2）第 30 行调用 ave() 函数完成求最高分、最低分和平均分，调用时第一个实参用的数组名，第 3、4 个实参分别用的是变量的地址。

8.6.2　返回指针的函数

一个函数可以返回一个整型值、实型值等，在有的情况下，我们希望通过函数返回一个指针值。返回指针值的函数称为返回指针的函数（或称指针函数）。定义返回指针的函数形式为:

```
类型说明符 * 函数名(类型  形参1,类型  形参2, …)
{
```

函数体

```
}
```

函数名前面的"*"表示该函数是返回指针的函数，"类型说明符"是函数返回的指针所指向的数据类型。

调用返回指针的函数的时候必须注意：调用该函数给指针变量赋值，该指针变量的类型必须与该函数返回的指针的类型相同。

【例 8.15】有若干学生的成绩（每个学生有 5 门成绩），要求在用户在输入学生序号以后，能输出该学生的全部成绩（要求用指针函数来实现）。

程序如下：

```
1    #include <stdio.h>
2    #include <stdlib.h>
3    int *search(int  (*pointer)[5],int n)
4    {
5        int *ptr;
6        ptr = *(pointer+n);
7        return(ptr);
8    }
9    int main()
10   {
11       int score[][5]={{60,70,80,90,87},{56,89,79,67,88},{34,78,82,90,66}};
12       int *search(int  (*pointer)[5],int n);         //函数声明
13       int *p,i,m;
14       printf("请输入学生的序号: ");
15       scanf("%d",&m);
16       printf("序号为%d的学生的成绩是: \n",m);
17       p=search(score,m);
18       for(i=0;i<5;i++)
19           printf("%3d\t",*(p+i));
20       printf("\n");
21       system("pause");
22       return 0;
23   }
```

程序运行结果：

请输入学生的序号: 1✓

序号为 1 的学生的成绩是：

56	89	79	67	88

程序分析如下。

（1）第 3～8 行定义了函数 search()，它是一个指针型函数，它的形参 int (*pointer)[5]中，pointer 是指向包含 5 个 int 元素的一维数组的指针变量。pointer+1 指向 score 数组序号为 1 的行。*(pointer + 1)指向 1 行 0 列元素。

（2）第 5 行定义的 ptr 是指向整型变量（而不是指向一维数组）的指针变量。

（3）第 17 行调用 search()函数，将 score 数组的首行地址传递给形参 pointer（注意 score 也是指向行的指针）。

（4）第 15 行输入的 m 是要查找的学生序号。调用 search()函数后，得到一个地址（指向第 m 个学生第 0 门成绩），返回给 p。然后将此学生的 5 门成绩输出。注意 p 是指向列元素的指针变量，*(p+i)表示该学生的第 i 门成绩。

【**例 8.16**】将字符串中的小写字母变成大写字母，并返回改变后的字符串。

程序如下：

```
1    #include <stdio.h>
2    #include <stdlib.h>
3    char * upper(char *sourstr)
4    {
5        char *deststr = sourstr;
6        while (*sourstr != '\0')
7        {
8            if (*sourstr >= 'a' && *sourstr <= 'z')
9                *sourstr -= 'a' - 'A';
10           sourstr++;
11       }
12       return deststr;
13   }
14   int main()
15   {
16       char str1[] = "I am a Student";
17       char *str2 = upper(str1);
18       printf("%s", str2);
19       system("pause");
20       return 0;
21   }
```

程序运行结果：

```
I AM A STUDENT
```

程序分析如下。

（1）第 3～13 行定义了一个返回指针的函数 upper()，它有一个字符指针参数。

（2）第 8 行用于判定 sourstr 所指向的字符是否为小写字母。

（3）第 9 行用于将小写字母变为大写字母。

8.6.3　指向函数的指针

1．指向函数的指针的定义

在 C 语言中规定，一个函数总是占用一段连续的内存区，而函数名就是该函数所占内存区的首地址。我们可以把函数的这个首地址（或称入口地址）赋予一个指针变量，使该指针变量指向该函数。然后通过指针变量就可以找到并调用这个函数。我们把这种指向函数的指针变量称为"函数指针变量"。

函数指针变量定义的一般形式为：

```
类型说明符  (*指针变量名)();
```

其中，"类型说明符"表示被指向的函数的返回值的类型。"(* 指针变量名)"表示"*"后面的变量是定义的指针变量。最后的空括号表示指针变量所指的是一个函数。

例如：

```
int (*pf)();
```

表示 pf 是一个指向函数入口的指针变量，该函数的返回值（函数值）是整型。

使用函数指针变量还应注意以下两点。

（1）函数指针变量不能进行算术运算。

（2）函数调用中"(*指针变量名)"两边的括号不可少，其中的"*"不应该理解为求值运算，在此处它只是一种表示符号。

应该特别注意的是函数指针变量和指针函数这两者在写法和意义上的区别。如 int(*p)() 和 int *p() 是两个完全不同的量。int (*p)() 是一个变量说明，说明 p 是一个指向函数入口的指针变量，该函数的返回值是整型量，(*p)两边的括号不能少。int *p() 则不是变量说明而是函数说明，说明 p 是一个指针型函数，其返回值是一个指向整型量的指针，*p 两边没有括号。作为函数说明，在括号内最好写入形参，这样便于与变量说明区别。对于指针型函数定义，int *p() 只是函数头部分，一般还应该有函数体部分。

2．指向函数的指针变量的赋值

指向函数的指针变量的赋值格式为：

指向函数的指针变量名=函数名；

如：

```
int func(int a,int b);
int (*p)( int a,int b);
p=func;
```

3．通过指向函数的指针变量调用函数

通过指向函数的指针变量调用函数格式为：

(*指针变量名)(实参表)；

如：

```
a=(*p)(3,4);
```

【例 8.17】 用指向函数的指针的方法求两个数的最大值。

程序如下：

```
1    #include <stdio.h>
2    #include <stdlib.h>
3    int Max(int a,int b)
4    {
5        if(a>b)
6             return a;
7        else
8             return b;
9    }
10   int main()
11   {
12       int Max(int a,int b);
13       int(*pmax)(int,int);
14       int x,y,z;
15       pmax=Max;
16       printf("请输入两个整数: \n");
17       scanf("%d%d",&x,&y);
18       z=(*pmax)(x,y);
19       printf("最大值是: =%d\n",z);
20       system("pause");
21       return 0;
22   }
```

程序运行结果：

请输入两个整数:

4 78✓

最大值是: =78

程序分析如下。

（1）第 12 行是对函数 Max() 的声明。

（2）第13行定义了一个指向函数的指针变量pmax。

（3）第15行是对指向函数的指针变量的赋值，这样指针pmax指向函数Max()。

（4）第18行是用指向函数的指针调用所指向的函数。

4．指向函数的指针作函数参数

指向函数的指针变量调用函数主要用在多次调用一些同类型的函数的情形。此外指向函数的指针变量可以作为函数参数。

下面以用梯形法求定积分为例进行讲解。对不同的被积函数来说，求定积分的算法都是一样的。因此，如果设计一个函数可以求任意函数的定积分，不同的被积函数都可以被它调用，这就需要在求定积分函数中设置一个指向函数的指针变量形参，调用求定积分函数时对应的实参为需要积分的被积函数名，从而实现通用性。

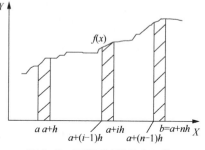

图8-7　用梯形法计算定积分

用梯形法计算定积分的算法如图8-7所示。其中梯形高$h=(b-a)/n$，n为等份数，n越大积分越准确。积分近似值，曲边梯形面积和为：

$$s=\{[f(a)+f(a+h)]+[f(a+h)+f(a+2h)]+\ldots+[f(a+(n-1)h)+f(a+nh)]\}\times h/2$$
$$=\{[f(a)+f(b)]/2+f(a+h)+f(a+2h)+\ldots+f(a+(n-1)h)\}\times h$$

【例8.18】利用梯形法计算定积分$\int_0^{\pi/2}\sin^2(x)\mathrm{d}x$，$\int_0^{\pi/2}\cos(x)\mathrm{d}x$，$\int_0^2\sqrt{4-x^2}\mathrm{d}x$。
程序如下：

```
1    #include <stdio.h>
2    #include <stdlib.h>
3    #include <math.h>
4    double f(double x)
5    {
6         return sin(x)*sin(x);
7    }
8    double g(double x)
9    {
10        return(sqrt(4.0-x*x));
11   }
12   double integral(double(*funp)(double), double a, double b)  /* 定义工作函数 */
13   {
14        double s, h, y;
15        int n, i;
16        s=((*funp)(a)+(*funp)(b))/2.0;
17        n=100;
18        h=(b-a)/n;
19        for(i=1; i<n; i++)
20             s=s+(*funp)(a+i*h);
21        y=s*h;
22        return(y);
23   }
24   int main()
25   {
26        double s1, s2, s3;
27        s1=integral(f, 0.0, 3.1415926/2);
28        s2=integral(cos, 0.0, 3.1415926/2);
29        s3=integral(g, 0.0, 2.0);
30        printf("s1=%lf\ns2=%lf\ns3=%lf\n", s1, s2, s3);
```

```
31        system("pause");
32        return 0;
33  }
```

程序运行结果：

```
s1=0.785398
s2=0.999979
s3=3.140417
```

程序分析如下。

（1）第 12～23 行定义了一个函数 integral()，它有 3 个参数，其中第一个参数是指向函数的指针。

（2）第 16 行通过指向函数的指针调用函数。

（3）第 27 行调用 integral() 函数求 $\sin^2(x)$ 在指定区间的定积分，调用时第一个实参只写函数名 f 即可。

（4）第 28 行调用 integral() 函数求 cos(x) 在指定区间的定积分，cos 为系统库函数 cos(x) 的入口地址。

本章小结

指针就是内存的地址，C 语言中允许用一个变量来存放指针，这种变量称为指针变量。指针变量可以存放基本类型数据的地址，也可以存放数组、函数以及其他指针变量的地址。

（1）指针的定义。

类型说明符 *指针变量名;

（2）指针变量的赋值。可以用变量的地址、数组名、数组元素的地址、函数名等指针进行赋值。

（3）指针的运算。

（4）可以通过指针对数组进行操作。

（5）指针可以作为函数的参数，当指针作函数参数时，实参传递给形参的是地址值。函数也可以返回指针值。

习题 8

班级_____ 姓名_____ 学号_____

一、选择题

1. 下列语句定义 px 为指向 int 类型变量 x 的指针，正确的是（　　　）。

    A. int *px=x,x;　　　　B. int *px=&x,x;　　　　C. int x,*px=&x;　　　D. int *px,x; p=&x;

2. 指针变量 p1、p2 类型相同，要使 p2、p2 指向同一变量，正确的是（　　　）。

    A. p2=*&p1;　　　　　B. p2=**p1;　　　　　　C. p2=&p1;　　　　　　D. p2=*p1;

3. 变量的指针，其含义是指该变量的（　　　）。

    A. 值　　　　　　　　B. 地址　　　　　　　　C. 名　　　　　　　　D. 一个标志

4. 声明语句为"char a='%',*b=&a,**c=&b"，下列表达式中错误的是（　　　）。

    A. a==**c　　　　　　B. b==*c　　　　　　　C. **c=='%'　　　　　　D. &a=*&b

5. 已有定义 int k=2,*ptr1,*ptr2;，且 ptr1 和 ptr2 均已指向变量 k，下面不能正确执行的赋值语句是（　　　）。

    A. k=*ptr1+*ptr2　　　B. ptr2=k　　　　　　　C. ptr1=ptr2　　　　　　D. k=*ptr1*(*ptr2)

6. 若有说明为 int *p,m=5,n;，以下程序段正确的是（　　　）。

　　A. p=&n; scanf("%d",&p);　　　　　　　B. p = &n ; scanf("%d",*p);

　　C. scanf("%d",&n);　*p=n ;　　　　　　D. p = &n ; *p = m ;

7. 数组定义为 "int a[4][5];"，下列错误的引用是（　　　）。

　　A. *a　　　　　　B. *(*(a+2)+3)　　　C. &a[2][3]　　　　　D. ++a

8. p1 和 p2 是指向同一个字符串的指针变量，c 为字符型变量，则以下不能正确执行的赋值语句是（　　　）。

　　A. c=*p1+*p2;　　　B. p2=c;　　　C. p1=p2;　　　D. c=*p1*(*p2);

9. 以下说明不正确的是（　　　）。

　　A. char a[10]="china" ;　　　　　　　　B. char a[10],*p=a; p="china";

　　C. char *a; a="china" ;　　　　　　　　D. char a[10],*p; p=a="china";

10. 若有定义 int a[5];，则 a 数组中首元素的地址可以表示为（　　　）。

　　A. &a　　　　　　B. a+1　　　　　C. a　　　　　　　D. &a[1]

11. 表达式 "c=*p++" 的执行过程是（　　　）。

　　A. 将*p 赋值给 c 后再执行 p++　　　　B. 将*p 赋值给 c 后再执行*p++

　　C. 将 p 赋值给 c 后再执行 p++　　　　D. 执行 p++后将*p 赋值给 c

12. 若有定义 int (*p)[4];，则标识符 p 是（　　　）。

　　A. 一个指向整型变量的指针

　　B. 一个指针数组名

　　C. 一个指针，它指向一个含有四个整型元素的一维数组

　　D. 定义不合法

13. 已有定义 int (*p)();，指针 p 可以（　　　）。

　　A. 代表函数的返回值　　　　　　　　B. 指向函数的入口地址

　　C. 表示函数的类型　　　　　　　　　D. 表示函数返回值的类型

二、读程序写结果

1. 下面程序的运行结果是_____。

```
#include <stdio.h>
#include <stdlib.h>
int main()
{
    static int a[]={1,2,3};
    int *pa=a,b;
    char *q="abcde";
    b=*++pa;
    printf("%d,%d,%d,%d,%d\n",a,a+1,*(a+2),*(pa+1),pa[1]);
    printf("%d,%d,%c,%s,%s\n",q,*q,q[3],q+3,q);
    system("pause");
    return 0;
}
```

2. 下面程序的运行结果是_____。

```
#include <stdio.h>
#include <stdlib.h>
int main()
{
    int a,b,k=4,m=6,*p1=&k,*p2=&m;
    a=p1==&m;
    b=(-*p1)/(*p2)+7;
```

```
        printf("a=%d b=%d\n",a,b);
        system("pause");
        return 0;
}
```

3. 下面程序的运行结果是_____。

```
#include <stdio.h>
#include <string.h>
#include <stdlib.h>
int main()
{
        char *s1="AbDeG";
        char *s2="AbdEg";
        s1+=2;
        s2+=2;
        printf("%d\n",strcmp(s1,s2));
        system("pause");
        return 0;
}
```

4. 下面程序的运行结果是_____。

```
#include <stdio.h>
#include <stdlib.h>
void sub(int x,int y,int *z)
{
        *z=y-x;
}
int main()
{
        int a,b,c;
        sub(10,5,&a);
        sub(7,a,&b);
        sub(a,b,&c);
        printf("%4d,%4d,%4d\n",a,b,c);
        system("pause");
        return 0;
}
```

5. 下面程序的运行结果是_____。

```
#include <stdio.h>
#include <stdlib.h>
void f( int y,int *x)
{
        y=y+*x;
        *x=*x+y;
}
int main()
{
        int x=2,y=4;
        f(y,&x);
        printf("%d ,%d\n",x,y);
        system("pause");
        return 0;
}
```

6. 下列程序的运行结果是_____。

```
#include <stdio.h>
#include <stdlib.h>
```

```c
void func(int *a,int b[])
{
      b[0]=*a+10;
}
int main()
{
    int a,b[5];
    a=5;
    b[0]=5;
    func(&a,b);
    printf("%d\n",b[0]);
    system("pause");
    return 0;
}
```

7. 当运行以下程序时，从键盘输入"The C Program<回车>"，则下面程序的运行结果是_____。

```c
#include <stdio.h>
#include <stdlib.h>
char myfun(char *s)
{
    if (*s<='Z' && *s>='A')
        *s+=32;
    return *s;
}
int main()
{
    char c[80], *p;
    p=c;
    scanf("%s",p);
    while(*p)
    {
        *p=myfun(p);
        putchar(*p);
        p++;
    }
    system("pause");
    return 0;
}
```

三、编程题

1. 用指针实现：求 n 个整数的平均值并输出其中小于平均值的数。

2. 用指针实现：产生斐波那契数列的前 20 项。

3. 编程将数组元素逆序存放（要求用指针实现），即第 1 个元素与最后 1 个元素对调，第 2 个元素与倒数第 2 个元素对调，依次类推。

4. 编程实现将输入的字符串中的大写字母转换为小写字母，小写字母转换为大写字母，其他字符保持不变，如输入"I Love CHINA"，则输出"i lOVE china"。

5. 编一个程序，将字符串中的第 m 个字符开始的全部字符复制成另一个字符串。要求在主函数中输入字符串及 m 的值并输出复制结果，在被调函数中完成复制。

第9章

结构体、共用体
和枚举

本章导读

    通过本章的学习，要求读者掌握结构体类型的定义、结构体变量的定义和成员引用、结构体数组、结构体指针变量的定义和使用，了解链表的概念和基本操作，掌握共用体类型的定义、共用体变量的定义和成员引用，掌握枚举类型的定义、枚举变量的定义和引用。

9.1   结构体类型与变量

前文已介绍了基本数据类型：整型（int）、实型（float）、字符型（char）和无值型（void）。但是只有这些数据类型是远远不够的，因为在实际应用中，一组数据往往包含不同的基本数据类型。例如，在学生登记表中，姓名应为字符型；学号可为整型或字符型；年龄应为整型；性别应为字符型；成绩可为整型或实型。显然，不能用一个数组来存放这一组数据，因为数组中各元素的类型必须一致。如果将姓名、学号、年龄、性别、成绩分别定义为独立的简单变量，则难以反映它们之间的内在联系，所以应当把这些数据组织成一个整体，在这个整体中包含若干个类型不同（当然也对以相同）的数据项。如何实现这个目标呢？这就是下面将要讨论的问题。

C语言允许用户使用基本的数据类型（int、float、char、void）来定义一个新的数据类型。这个用户自己定义的数据类型被称为构造数据类型。之前介绍的数组，就是一种构造数据类型，只不过每个数组里边是单一的基本数据类型，如整型数组，内部必须全是整数。如果用户定义的这个新的数据类型，它里边不再是单一的基本数据类型，如既有整型也有实型，那么这个用户构造出来的数据类型，就不能还叫数组了，它必须有一个新名字，这就是下面介绍的"结构体"类型。

9.1.1   结构体类型与结构体变量的定义

"结构体"是一种构造数据类型，它是由若干"成员"组成的。每一个成员可以是一个基本数据类型或者是一个构造数据类型。结构体既然是一种"构造"而成的数据类型，那么在说明和使用之前就必须先定义它，也就是先要把它构造出来。如同在使用数组之前要先定义数组一样。

定义一个结构体类型的一般形式为：

```
struct  结构体名
    {成员列表};
```

其中，"结构体名"用作结构体类型的标志，它又称"结构体标记"；花括号内是该结构体中的各个成员列表，成员列表由若干个成员组成，每个成员都是该结构的一个组成部分。对每个成员也必须进行类型说明。

成员列表的格式为：

```
类型  成员名;
```

成员名和结构体名的命名应符合标识符的书写规定。例如：

```
struct  SD
{
    int num;
    char name[20];
    char sex[3];
    float score;
};
```

在这个结构体定义中，结构体名为SD，该结构体由4个成员组成：

第一个成员为num，整型变量；

第二个成员为name，字符数组；

第三个成员为sex，字符数组；

第四个成员为score，实型变量。

应注意在括号后的分号是必不可少的。结构体定义之后，即可进行变量说明。凡说明为结构体SD的变量都由上述4个成员组成。由此可见，结构体是一种复杂的数据类型，是由数目固定、类型不同的若干有序变量组成的。

struct是定义结构体类型的关键字，不能缩写，也不能省略。"结构体"这个词是根据英文单词 structure 译出的，有些 C 语言书将 structure 直译为"结构"。但译作"结构"会与一般含义上的"结构"混淆，例如，数据结构、程序结构、控制结构等。因此本书采用"结构体"的译法。

前面只是定义了一个结构体类型，它相当于一个新的数据类型，与基本数据类型 int 一样，系统不会为 int 分配实际的内存单元，只能为 int x 中的整型变量 x 分配内存单元。同样，系统不会为一个结构体类型分配实际的内存单元，当定义结构体类型的变量时，系统会为这个变量分配实际的内存单元。

定义结构体变量有以下 3 种方法。

（1）先定义结构，再说明结构体变量。例如：

```
struct sd
{
    int num;
    char name[20];
    char sex[3];
    float score;
};
struct sd x1,x2;
```

变量 x1 的结构如图 9-1 所示。

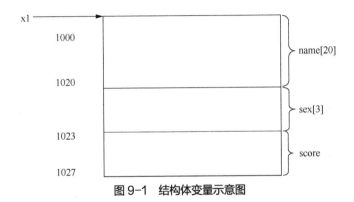

图 9-1 结构体变量示意图

以上程序说明了两个变量 x1 和 x2 为 sd 结构体类型。

也可以用宏定义使一个符号常量表示一个结构体类型。例如：

```
#define STU struct sd
STU
{
    int num;
    char name[20];
    char sex[3];
    float score;
};
STU x1,x2;
```

（2）在定义结构体类型的同时说明结构体变量。例如：

```
struct sd
{
    int num;
    char name[20];
    char sex[3];
    float score;
}x1,x2;
```

（3）直接说明结构体变量。例如：

```
struct
{
    int num;
    char name[20];
    char sex[3];
    float score;
}x1,x2;
```

使用结构体嵌套定义，可以增强结构体类型描述现实世界中各种事物的能力。例如：

```
struct date{
int month;
int day;
int year;
}
    struct{
int num;
char name[20];
char sex[3];
struct date birthday;
float score;
}x1,x2;
```

9.1.2　结构体变量的引用

不能对结构体变量的整体进行操作，只能分别引用结构体变量中的各分量。引用的形式为：

结构体变量名·成员分量名

这里的"·"称为成员运算符，它的结合性是左结合，具有最高的优先级。如果成员分量又是结构体类型，就必须一级一级地找到最低级分量，然后引用最低级分量，也就是说，只能对组成结构体的最低级分量进行操作。

例如：

```
x1.num=1000011;
strcpy(x1.name,"zhang song") ;
x1.birthday.year=1990;
x1.birthday.month=8;
x1.birthday.day=25;
```

至于最低级成员分量所能进行的操作，将由它们本身的类型来决定。

9.1.3　结构体变量的初始化

与基本类型变量相似，在定义结构体变量时可以对结构体变量进行初始化，使其存放具体的数据，然后就可以引用这些变量了。

【例 9.1】 在定义结构体变量时进行初始化。

程序如下：

```
1      #include "stdio.h"
2      struct sd
3      {
4      int num;
5      char *name;
6      char sex;
7      float score;
8      } x2,x1={101,"chen zhong",'M',91};
```

```
9    int main()
10   {
11   x2=x1;
12   printf("Number=%d\nName=%s\n",x2.num,x2.name);
13   printf("Sex=%c\nScore=%f\n",x2.sex,x2.score);
14   return 0;
15   }
```

程序运行结果：

```
Number=101
Name=chen zhong
Sex=M
Score=91.000000
```

程序分析如下。

程序在定义 struct sd 类型的结构体变量 x1 的同时，将值赋给了 x1 中的各个成员。

9.2   结构体数组

一个结构体的变量只能对一个事物的特征进行描述，如果需要对多个相同事物进行描述，则需要使用多个结构体变量，通常采用结构体数组来解决此类问题。一个结构体变量中可以存放一组数据（如一个学生的学号、姓名、成绩等数据），如果有多个学生的数据需要参加运算，显然应该采用结构体数组。与其他类型的数组相类似，结构体数组中的元素都是同一结构体类型，一个元素又由多个成员项组成。

9.2.1   结构体数组的定义

定义结构体数组和定义结构体变量的方法相似，只需说明其为数组即可。

结构体数组定义一般形式为：

```
struct   结构体类型名   数组名[常量表达]
```

例如：

```
struct sd
{
    int num;
    char name[20];
    char sex;
    float score;
}b[2];
```

结构体数组示例如图 9-2 所示。

9.2.2   结构体数组的初始化

定义结构体数组时，也可进行初始化，方法是在定义数组的后面加上初值列表。在初值列表中，一个元素由多项数据项组成，所以每一个元素的初值间最好用花括号分开，以免混淆或遗漏。

例如：

```
struct sd
{
    int num;
```

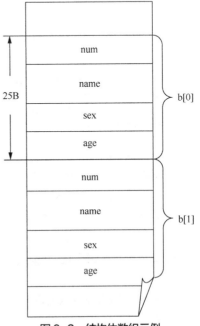

图 9-2   结构体数组示例

```
        char *name;
        char sex;
        float score;
    }boy[5]={
        {100,"HY",'M',75},
        {101,"ztp ",'M',65},
        {102,"wyong ",'F',95},
        {103,"wang wei ",'F',85},
        {104,"jzhen",'M',45};
    }
```

9.2.3　结构体数组应用举例

引用数组，通常使用循环语句来访问数组的每一个元素，引用结构体数组也类似，只是在访问数组元素时要遵守引用结构体变量的相关规则。

下面通过例子说明结构体数组的引用方法。

【例 9.2 】建立同学通讯录。

程序如下：

```
1       #include"stdio.h"
2       struct txl
3       {
4           char name[25];
5           char call[15];
6       };
7       int main()
8       {
9         struct txl man[35];
10        int i;
11        for(i=0;i<35;i++)
12        {
13            printf("input name:\n");
14            gets(man[i].name);
15            printf("input call:\n");
16            gets(man[i].call);
17        }
18        printf("name\t\tcall\n");
19        for(i=0;i<35;i++)
20            printf("%s\t\t\t%s\n",man[i].name,man[i].call);
21      return 0;
22        }
```

程序分析如下。

本例中定义了一个结构体 txl，它有两个成员 name 和 call，用来表示姓名和电话号码。在主函数中定义 man 为具有 txl 类型的结构体数组。在 for 语句中，用 gets()函数分别输入各个元素中两个成员的值。然后又在 for 语句中用 printf 语句输出各元素中的两个成员值。

9.3　指针与结构体

一个结构体类型的数据在内存中占据一定的存储空间，可以设一个指针变量用来指向这个结构体数据，此时该指针变量的值就是结构体数据的起始地址。同样指针变量也可以用来指向结构体数组中的元素。

9.3.1　指向结构体变量的指针

指向结构体变量指针定义的一般形式：

```
struct  结构体类型名  *指针变量名
```

例如：

```
struct sd *p;
```

指针变量在编译时并不给它赋值，而是在程序运行时，通过赋值语句或内存分配语句把某个单元的地址赋给它。

例如：

```
struct  sd *p, stu11, stu[20];
p=&stu11;
p=&stu[0];
p=stu;
```

在引用结构体变量指针时，不能整体引用，只有结构体变量的最低级成员才能进行输入/输出及运算操作。

指针变量引用的一般形式为：

```
结构体变量.成员名;
(*p).成员名;
p->成员名;
```

其中，"–>"称为指向运算符。它的结合性是左结合，具有最高的优先级。

在 C 语言中可以将(*p).num 改成 p–>num。指向运算符的优先级是高于其他运算符的，如 p–>num++相当于(p–>num)++，++p–>num 相当于++(p–>num)。

如果 p 指向结构体数组元素，(++p) –>num 的含义是 p 首先自增，指向数组的下一个元素，然后引用该元素的 num 项，(p++)–>num 的含义是先引用 p 所指元素的 num 项，然后 p 自增，指向数组的下一个元素。

【例 9.3】 结构体变量成员的 3 种引用方式。

程序如下：

```
1    #include"stdio.h"
2    struct sd
3    {
4    int num;
5    char *name;
6    char sex;
7    float score;
8    } b1={1001,"Wang",'M',99},*p;
9    int main()
10   {
11   p=&b1;
12   printf("Number=%d\nName=%s\n",b1.num,b1.name);
13   printf("Sex=%c\nScore=%f\n\n",b1.sex,b1.score);
14   printf("Number=%d\nName=%s\n", (*p).num,(*p).name);
15   printf("Sex=%c\nScore=%f\n\n", (*p).sex,(*p).score);
16   printf("Number=%d\nName=%s\n",p->num,p->name);
17   printf("Sex=%c\nScore=%f\n\n",p->sex,p->score);
18   return 0;
19   }
```

程序运行结果：

```
Number=1001
```

```
Name=Wang
Sex=M
Score=99.000000

Number=1001
Name=Wang
Sex=M
Score=99.000000

Number=1001
Name=Wang
Sex=M
Score=99.000000
```

程序分析如下。

本实例中定义了一个结构体 sd，它有 4 个成员，在定义结构体类型的同时，定义了一个结构体变量 b1。在主函数中，分别用 3 种不同的形式对 b1 中的成员进行操作，程序运行结果说明，这 3 种形式是等价的。

9.3.2 指向结构体数组的指针

和指向数组或数组元素的指针变量类似，对结构体数组及其元素也可以用指针变量来指向。

【例 9.4】结构体数组元素的使用。

程序如下：

```
1    #include"stdio.h"
2    struct student
3    {      int num;
4           char name[20];
5           char sex;
6           int age;
7    }stu[3]={{1005,"wang ping",'M',25},
8              {1006,"chen ling",'M',26},
9                {1007,"zhao gang",'F',27}};
10   int main()
11   {    struct student *p;
12        for(p=stu;p<stu+3;p++)
13            printf("%d%s%c%d\n",p->num,p->name,p->sex,p->age);
14   return 0;
15   }
```

程序运行结果：

```
1005wang pingM25
1006chen lingM26
1007zhao gangF27
```

程序分析如下。

如图 9-3 所示，p 为指向结构体数组的指针变量，同时 p 也指向该结构体数组的 0 号元素，p+1 指向 1 号元素，p+i 指向 i 号元素。这与普通数组的情况是一致的。如果对指针 p 进行自加运算，则(++p)->num 的含义是 p 首先自增，指向数组的下一个元素，然后引用该元素的 num 项，(p++)->num 的含义是先引用 p 所指元素的 num 项，然后 p 自增，指向数组的下一个元素。

由此可以看出：结构体指针变量可以指向一个结构体数组，这时结构体指针变量的值是整个结构体数组的首地址。结构体指针变量也可指向结构体数组的某个元素，这时结构体指针变量的值是该结构体数组元素的地址。

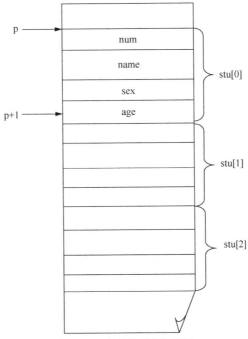

图 9-3　结构体数组与指针

9.3.3　结构体与函数参数

将一个结构体交量的值传递给函数做参数，有以下 3 个方法。

（1）用结构体变量的成员作参数。例如，用 stu[1].num 或 stu[2].name 作函数实参，将实参值传给形参。用法与用普通变量作实参是一样的，属于"值传递"方式。应注意实参与形参的类型要保持一致。

（2）用结构体变量作实参。采取的也是"值传递"的方式，将结构体变量所占的内存单元的内容全部顺序传递给形参。形参也必须是同类型的结构体变量。在函数调用期间形参需要占用内存单元。这种传送方式在空间和时间上开销较大。因此一般较少用该方法。

（3）用指向结构体变量（或数组）的指针作为实参，将结构体变量（或数组）的地址传给函数的形参。

【例 9.5】用结构体变量作函数参数。

程序如下：

```
1    #include"stdio.h"
2    struct Data
3    {    int a, b, c; };
4    int main()
5    {    void f (struct Data);
6         struct Data AA;
7         AA.a=550;   AA.b=300;    AA.c= AA.a+ AA.b;
8         printf("AA.a=%d AA.b=%d AA.c=%d\n", AA.a, AA.b, AA.c);
9         printf("main()…\n");
10        f (AA);
11        printf("AA.a=%d AA.b=%d AA.c=%d\n", AA.a, AA.b, AA.c);
12        return 0;
13   }
14   void f (struct Data BB)
15   {    printf("BB.a=%d BB.b=%d BB.c=%d\n", BB.a, BB.b, BB.c);
```

```
16        printf("f()...\n");
17        BB.a=110;    BB.b=150;    BB.c= BB.a* BB.b;
18        printf("BB.a=%d BB.b=%d BB.c=%d\n", BB.a, BB.b, BB.c);
19        printf("Return...\n");
20   }
```

程序运行结果：

```
AA.a=550 AA.b=300 AA.c=850
main()...
BB.a=550 BB.b=300 BB.c=850
f()...
BB.a=110 BB.b=150 BB.c=16500
Return...
AA.a=550 AA.b=300 AA.c=850
```

程序分析如下。

本例程序中，首先定义了一个结构体变量 AA，并分别给 AA 的 3 个成员 a、b、c 赋值，然后，将 AA 作为函数 f() 的实参，AA 将各成员的值传给了函数 f() 的形参 BB 的相应成员，所以，函数 f() 中对 BB 变量的操作对 AA 没有影响，属于值传递。

9.4   共用体类型与变量

共用体也是一种构造数据类型，它提供了一种可以把几种不同类型的数据存放于同一段内存的机制。现实世界中常常会有这种需求。如学生食堂主要是学生吃饭的场所，但有时也可以用来开会，有时也可以用来开展文娱活动等。因此这里的“学生食堂”就是一个“共用体”。

9.4.1   共用体及共用体变量的定义

定义一个共用体类型的一般形式为：

```
union 共用体名
{
成员表
};
```

例如：

```
union dt
    {   int i;
        char ch;
        float f;
    };
```

与定义结构体类型变量一样，定义共用体类型变量也有 3 种方式。

（1）定义共用体类型后，再定义共用体类型变量。例如：

```
union dt a;
```

（2）定义共用体类型的同时，定义共用体类型变量。例如：

```
union dt
    {   int i;
        char ch;
        float f;
    }a;
```

（3）如果定义的共用体类型只使用一次，共用体类型名可以省略。例如：

```
union
```

```
{    int i;
     char ch;
     float f;
}a;
```

共用体变量 a 内部的 3 种不同类型的成员存放在同一段内存单元中。如图 9-4 所示，以上 3
个成员在内存中所占的字节数不同，但都从同一地址开始存放。几个成员互相覆盖。这种占用同
一段内存的变量结构，称为"共用体"类型。

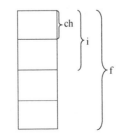

图 9-4　共用体变量示意图

9.4.2　共用体变量的引用方式和特点

引用共用体类型变量的一般形式如下：

共用体变量名.成员名

例如：

a.i=5;

由于共用体类型数据是用同一个内存段来存放几种不同数据类型的成员。但它在每一时刻只
能存放其中一个成员而不是同时存放。也就是说每一瞬间只有一个成员起作用，其他的成员无效。
而起作用的成员是最后存放的那个成员。

因此，引用共用体变量时要注意以下几点。

（1）必须先定义了共用体变量才能引用它。

（2）不能引用共用体变量整体，而只能引用共用体变量中的成员。例如，前边定义的 a 为共
用体变量，下面的引用方式是正确的。

a.i：引用共用体交量中的整型成员变量 i。

a.ch：引用共用体变量中的字符成员变量 ch。

a.f：引用共用体变量中的实型成员变量 f。

不能整体引用共用体变量。例如：printf("%d",a);是错误的，a 的存储区有好几种数据类型，
分别占不同长度的存储区，只写共用体变量名 a，难以使系统确定究竟输出的是哪一个成员的值，
应该写成 printf("%d",a.i)或 printf("%d",a.ch)等。

（3）共用体变量起作用的成员是最后一次被赋值的成员，其他成员的值会受最后一次被赋值
的成员影响而发生变化。

例如：

a.i=666;
a.ch='x';

执行上面两个语句后，i 成员的值会受影响。

（4）共用体变量的地址和它的各成员的地址都是同一地址。例如&a、&a.i、&a.f 都是同一地
址值，其原因是显然的。

（5）不能对共用体变量名赋值，也不能企图引用变量名来得到一个值，还不能在定义共用体
变量时对它进行初始化。

例如，下面这些都是错误的：

```
union data
    {    int i;
        char ch;
         float f;
    }a(66,'y',6.6);  /*不能初始化*/
a=1;                  /*不能对共用体变量赋值*/
m=a;                  /*不能引用共用体变量名以得到一个值*/
```

9.5　枚举类型与变量

如果一个变量只有几种可能的值，就可以把它定义为枚举类型。例如，一个星期有 7 天、一年有 12 个月等。如果把这些量说明为整型、实型或字符型，将无法描述这种数据的特征。为此，C 语言专门提供了一种称为"枚举"的数据类型。

定义枚举类型的一般形式是：

```
enum  枚举类型名
{枚举值表}
```

例如：

```
enum weekday
{ sun,mon,tue,wed,thu,fri,sat }
```

与其他数据类型一样，定义枚举类型后，能够以下面 3 种方式定义枚举变量。

（1）定义枚举类型后，再定义枚举类型变量。

例如：

```
enum weekday w1,w2,w3;
```

（2）定义枚举类型的同时，定义枚举类型变量。

例如：

```
enum weekday
{ sun,mon,tue,wed,thu,fri,sat }w1, w2, w3;
```

（3）如果定义的枚举类型只使用一次，枚举类型名可以省略。

例如：

```
  enum
{ sun,mon,tue,wed,thu,fri,sat }w1,w2,w3;
```

在"枚举"类型的定义中列举出所有可能的取值，被说明为该"枚举"类型的变量的取值不能超过所定义的范围。枚举类型中，它的元素本身由系统定义了一个表示序号的数值，从 0 开始顺序定义，如在 weekday 中，sun 值为 0，mon 值为 1，…，sat 值为 6。

枚举值是常量，不是变量。不能在程序中用赋值语句再对它进行赋值。例如对枚举 weekday 的元素再作以下赋值：sun=5;sun=mon;是错误的。

只能把枚举值赋予枚举变量，不能把元素的数值直接赋给枚举变量。如 a=sum;b=mon; 是正确的；而 a=0;b=1;是错误的。

【例 9.6】枚举应用。

程序如下：

```
1    #include"stdio.h"
2    int main()
3    {
4    enum weekday
```

```
5    { sun,mon,tue=7,wed,thu,fri,sat } a,b,c;
6    a=sun;
7    b=mon;
8    c=tue;
9    printf("%d,%d,%d",a,b,c);
10   return 0;
11   }
```

程序运行结果：

```
0,1,8
```

程序分析如下。

从本例程序中可以看出，枚举值的取值只和它所在的位置有关。如 sun、mon 是 0 和 1，但 tue 被置成了 7，后面的值就从 7 开始增加。

9.6　自定义数据类型

自定义数据类型，不是定义新的数据类型，而是将原来的数据类型改名，也就是说允许由用户为某种数据类型取一个"别名"，以便于记忆和阅读程序或增加程序的可移植性。

类型定义符 typedef 即可用来完成此功能。

自定义数据类型的一般形式为：

```
typedef  类型名  新名称;
```

这里，定义的新数据类型名通常用大写字母的标识符表示，以便与 C 语言中规定的其他数据类型相区别。

例如：

```
typedef struct student{ char name[25];
int age;
char sex;
} STU;
```

定义的"别名"STU 表示 struct student 这种结构体类型，可用 STU 来说明结构体变量。

例如，STU bb1,bb2;和直接用 struct student 来说明结构体变量是一样的。

9.7　顺序表

数据元素是数据的基本单位，数据元素用一维地址连续的存储单元依次来存放，称为顺序表。C 语言中用数组来实现顺序表。有关顺序表的处理实际上就是对数组的处理。由于数组中各元素的地址是可计算的，所以定位操作有很高的执行效率。但是这种顺序存储结构的缺点也是相当明显的，要获得一段连续的内存空间就必须一次性申请，而在程序执行之前是无法精确得到所需空间的大小的。所以顺序表通常用在一些经常使用却很少改动的数据存储上。

9.7.1　顺序表的定义和创建

（1）顺序表的定义。

例如，定义顺序表 list：

```
typedef struct{
   int  data[1000];
   int  last;
}LIST;
```

```
LIST list;
```

（2）创建顺序表就是输入数据元素，设置表的长度。

例如，创建顺序表函数：

```
void  create()
{
    int i,n;
    printf("请输入元素个数: ");
    scanf("%d",&n);
    printf("请输入各元素的值: ");
    for(i=0;i<n;i++)
        scanf("%d",&List.data[i]);
    List.last=n;
}
```

9.7.2　顺序表的基本操作

1. 顺序表元素的插入

要在 i 的位置上插入一个新数据 d，必须先将元素 $D_i,\cdots,D_{n-1}$ 的位置向后移，然后在第 i 个位置上放入 d 的值。同时，顺序表的长度加 1。

下例为顺序表元素插入函数。其中，i 为插入的位置；d 为插入的数据元素。

```
void  insert(int i,int d)
{
    int k;
    if((i<0) || (i>list.last));
            printf("错误! ");
    else
        {
            for(k=list.last-1;k>=i;k--)
                list.last[k+1]= list.last[k];
            list.last[i]=d;
            list.last= list.last +1;
        }
}
```

2. 顺序表元素的删除

要在 i 的位置上删除第 i 个元素，只要将元素 $D_{i+1},\cdots,D_{n-1}$ 的位置向前移一个位置。同时，顺序表的长度减 1。

下例为顺序表元素删除函数。其中，i 为删除的位置。

```
void  delete(int i)
{
    int k;
    if((i<0) || (i>list.last-1));
            printf("错误! ");
    else
        {
        for(k=i+1;k<=list.last-1;k++)
            list.last[k-1]= list.last[k];
        list.last--;
        }
}
```

9.8 链表

所谓链表是指有若干个数据项，每个数据项称为一个"节点"，这些节点按一定的原则连接起来。每个数据项都包含若干个数据和一个指向下一个数据项的指针，依靠这些指针将所有的数据项连接起来，如图 9-5 所示。

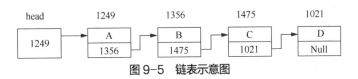

图 9-5　链表示意图

9.8.1 链表概述

链表是一种常见的数据结构。它是实现动态存储分配的一种结构。用数组结构存放数据时，必须事先定义元素的个数，即数组长度。如果事先不能确定，则必须将数组定得足够大，足以存放上限的数据。显然这将会很浪费内存。而用动态存储的方法就能够很好地解决这些问题。

例如，无须预先确定学生的准确人数，有一个学生就分配一个节点，如果某位学生退学了，就删去该节点，释放该节点所占用的存储空间。从而节约了宝贵的内存资源。

用数组结构必须占用一块连续的内存区域。而使用动态分配时，每个节点之间可以是不连续的。节点之间的联系用指针来实现，即在节点结构中定义一个成员项用来存放下一节点的首地址，这个用于存放地址的成员，常称为指针域。可在第一个节点的指针域内存放第二个节点的首地址，在第二个节点的指针域内存放第三个节点的首地址……如此串连下去直到最后一个节点，最后一个节点因无后续节点连接，其指针域赋值为 0，如图 9-6 所示。

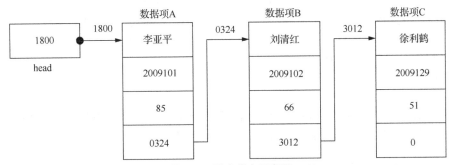

图 9-6　链表节点示意图

可以看到链表中各元素在内存中可以是不连续存放的。要找某一元素，必须先找到上一个元素，根据它提供的下一个元素地址才能找到下一个元素。如果不提供"头指针"（head），则整个链表将无法访问，链表如同一条铁链一样，一环扣一环，中间是不能断开的。打个通俗的比方：幼儿园的老师带领孩子出来散步，老师牵着第一个小孩的手，第一个小孩的手牵着第二个孩子……这就是一个"链"，最后一个孩子手空着，他是"链尾"。要找这个队伍，必须先找到老师，然后顺序找到每一个小朋友。

结构体变量用来作链表中的节点是最合适的。一个结构体变量包含着若干成员，这些成员可以是数值类型、字符类型、数组类型，当然也可以是指针类型。节点中用这个指针类型成员来存放下一个节点的地址。

例如，可以这样来设计一个存放学生学号和成绩的节点：

```
struct student
{
        int num;
    int score;
    struct student *next;
}
```

前两个成员项 num 和 score 组成数据域，后一个成员项 next 构成指针域，它是一个指向 student 类型结构的指针变量。

9.8.2　链表的存储分配

链表结构是动态分配存储的，即在需要时才开辟一个节点的存储单元。如何动态地开辟和释放存储单元呢？为了解决上述问题，C 语言提供了管理内存的函数，这些内存管理函数可以按需要动态地分配内存空间，可以将不再使用的内存空间回收待用，为有效地利用内存资源提供了手段。

1．分配内存空间函数 malloc()

调用形式：

```
(类型说明符*) malloc (size)
```

功能：在内存的动态存储区中分配一块长度为"size"字节的连续区域。函数的返回值为该区域的首地址；"(类型说明符*)"用于强制类型转换。如果此函数未能成功地执行（例如内存空间不足），则返回空指针（NULL）。

2．分配内存空间函数 calloc()

调用形式：

```
(类型说明符*)calloc(n,size)
```

功能：在内存动态存储区中分配 n 块长度为"size"字节的连续区域。函数的返回值为该区域的首地址。(类型说明符*)用于强制类型转换。calloc()函数与 malloc()函数的区别仅在于其一次可以分配 n 块区域。如果此函数未能成功地执行。则返回空指针（NULL）。

3．释放内存空间函数 free()

调用形式：

```
free(void *ptr);
```

功能：释放 ptr 所指向的一块内存空间，ptr 是一个任意类型的指针变量，它指向被释放区域的首地址。被释放区应是由 malloc()或 calloc()函数所分配的区域。

9.8.3　链表的建立及输出

1．链表的建立

所谓建立链表是指在程序执行过程中从无到有地建立起一个链表，即一个个地开辟节点和输入各节点数据，并建立起前后相连的关系。

通常用两种方法建立链表。

① 从链头到链尾：新节点插入链尾。

② 从链尾到链头：新节点插入链头。

从头到尾建立链表，如图 9-7 所示。从尾到头建立链表，如图 9-8 所示。

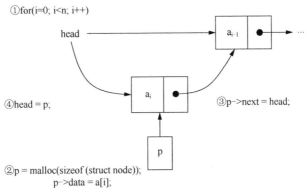

图 9-7 从头到尾建立链表

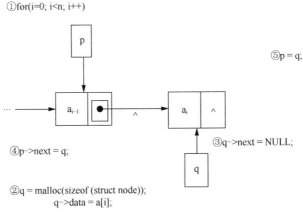

图 9-8 从尾到头建立链表

下面通过例题来说明从头到尾建立链表的操作。

【**例 9.7**】建立一个 N 个节点的链表，存放学号和成绩数据。编写一个建立链表的函数 creat()。

程序如下：

```
1    #define NULL 0
2    struct student
3    {
4        int num;
5        float score;
6        struct student *next;
7    };
8    struct student *creat(int n)
9    {
10       struct student *head,*pf,*pb;
11       int i;
12       for(i=0;i<n;i++)
13           {
14           pb=( struct student *) malloc(sizeof (struct student));
15           printf("input Number and Score\n");
16           scanf("%d%d",&pb->num,&pb->score);
17           if(i==0)
```

```
18                      pf=head=pb;
19              else pf->next=pb;
20              pb->next=NULL;
21              pf=pb;
22          }
23      return(head);
24  }
```

程序分析如下。

在函数外首先定义了宏常量 NULL。结构 student 定义为外部类型，程序中的各个函数均可使用该定义。

creat()函数用于建立一个有 n 个节点的链表，creat()函数的形参 n 表示所建链表的节点数，用作 for 语句的循环次数。creat()函数是一个指针函数，它返回的指针指向 student 结构。在 creat()函数内部定义了 3 个 student 结构的指针变量。head 为头指针，pf 为指向两相邻节点的前一节点的指针变量，pb 为后一节点的指针变量。在 for 语句中，用 malloc()函数建立长度与 student 长度相等的空间作为一个节点，首地址赋给 pb，随后输入节点数据。如果当前节点为第一节点（i==0），则把 pb 值（该节点指针）赋给 head 和 pf。如非第一节点，则把 pb 值赋给 pf 所指节点的指针域成员 next。而 pb 所指节点为当前的最后节点，其指针域赋值 NULL。再把 pb 值赋给 pf 为下一次循环作准备。

2．链表的输出

将链表中各节点的数据依次输出的操作很简单，首先要知道表头元素的地址，可由 head 得到，然后顺着链表输出各节点中的数据，直到最后一个节点，如图9-9所示。

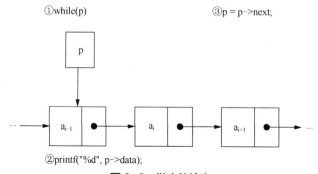

图9-9　链表的输出

下面为一个输出链表的函数例子：

```
    void print(struct student * head)
{
        printf("Nnm\tScore\n");
    while(head!=NULL)
       {
        printf("%d\t\t%d\n",head->num,head->score);
        head=head->next;
       }
}
```

9.8.4　链表的基本操作

1．链表的插入

对链表的插入操作是指将一个节点插入一个已有的链表中。为了能做到正确插入，必须解决以下两个问题。

（1）如何找到插入的位置?

（2）怎样实现插入? 其过程如图 9-10 所示。

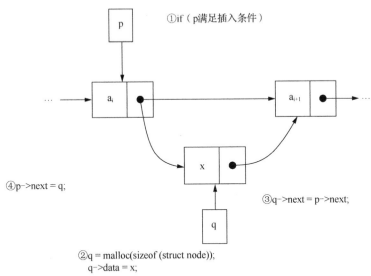

图 9-10　链表的插入

例如，编写一个在学生数据链表中按学号顺序插入一个节点的函数。

假设被插节点的指针为 pi。

```
struct student * insert(struct student * head, struct student *pi)
{
    struct student *pf,*pb;
    pb=head;
    if(head==NULL)  /*空表插入*/
        {head=pi;pi->next=NULL;}
    else
        {
        while((pi->num>pb->num)&&(pb->next!=NULL))
            {pf=pb;pb=pb->next; }/*找插入位置*/
        if(pi->num<=pb->num)
            {if(head==pb)head=pi;/*在第一节点之前插入*/
            else pf->next=pi;/*在其他位置插入*/
            pi->next=pb; }
        else
        {pb->next=pi;pi->next=NULL;}      /*在表末插入*/
        }
    return head;
}
```

2. 链表的删除

已有一个链表，删除其中某个节点，并不是真正从内存中把它抹掉，而是把它从链表中分离开来，只要撤销原来的链接关系即可。其过程如图 9-11 所示。

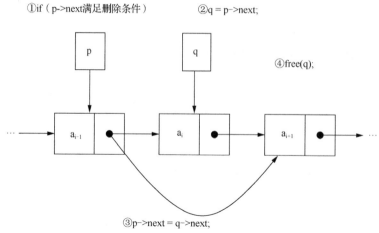

①if（p->next满足删除条件） ②q = p->next;

④free(q);

③p->next = q->next;

图9-11 链表的删除

例如，编写一个删除链表中指定节点的函数。

```c
struct student * delete(struct student * head,int num)
{
    struct student *pf,*pb;
    if(head==NULL)                          /*如为空表，输出提示信息*/
    { printf("\nempty list!\n");
    return 0;}
pb=head;
while (pb->num!=num && pb->next!=NULL)
/*当不是要删除的节点，而且也不是最后一个节点时，继续循环*/
    {pf=pb;pb=pb->next;}                 /*pf 指向当前节点，pb 指向下一节点*/
 if(pb->num==num)
    {if(pb==head)
        head=pb->next;
/*如找到被删节点，且为第一节点，则使head指向第二个节点，否则使pf所指节点的指针指向下
一节点*/
        else
            pf->next=pb->next;
        free(pb);
        printf("The node is deleted\n");}
    else
        printf("The node not been found!\n");
return head;
}
```

3. 链表的应用

【例9.8】链表的应用。

程序如下：

```c
1    int main()
2    {
3        struct student * head,*pnum;
4        int n,num;
5        printf("input number of node: ");
6        scanf("%d",&n);
7        head=creat(n);
8        print(head);
9        printf("Input the deleted number: ");
```

```
10        scanf("%d",&num);
11        head=delete(head,num);
12        print(head);
13        printf("Input the inserted number and score: ");
14        pnum=( struct student *)malloc(sizeof (struct student));
15        scanf("%d%d",&pnum->num,&pnum->score);
16        head=insert(head,pnum);
17        print(head);
18        return 0;
19    }
```

程序分析如下。

将以上建立链表、删除节点、插入节点、输出全部节点的函数组织在一起，然后用 main()函数调用它们。

9.9   综合应用

例 9.5 采用结构体变量作函数参数，下面的例 9.9 采用结构体指针变量作为函数参数，从中能够看出两者的不同。

【例 9.9】用结构体指针变量作函数参数。计算一组学生的平均成绩和不及格人数。

程序如下：

```
1     #include"stdio.h"
2     struct sd
3     {
4     int num;
5     char *name;
6     char sex;
7     float score;}boy[5]={
8     {10101,"Chen chen",'M',88},
9     {10102,"Wang  gang",'M',66},
10    {10103,"Shang chen fang",'F',90},
11    {10104,"Cheng  ping",'F',77},
12    {10105,"Wang   ping",'M',24},
13    };                        /*定义结构体数组，并初始化*/
14    int  main()
15    {
16    struct sd *p;             /*定义结构体指针*/
17    void ave(struct sd *pb);  /*说明函数*/
18    p=boy;                    /*指针指向数组首地址*/
19    ave(p);                   /*调用函数，指针作实参*/
20    return 0;
21    }
22    void ave(struct sd *pb)   /*定义函数*/
23    {
24    int c=0,i;
25    float ave,s=0;
26    for(i=0;i<5;i++,pb++)
27    {
28    s+=pb->score;
29    if(pb->score<60) c+=1;
30    }
31    printf("s=%f\n",s);
```

```
32    ave=s/5;
33    printf("average=%f\ncount=%d\n",ave,c);
34    }
```

程序运行结果：

```
s=345.000000
average=69.000000
count=1
```

程序分析如下。

本例程序中，程序将结构体指针 p 作为 ave()函数的实参，传给了 ave()函数的形参 pd。这样在 ave()函数内，通过 pd 这个指针取得 boy 数组的所有数据来计算平均值。但如果不用指针作为 ave()函数的实参，要达到这样的目的，就需要把 boy 数组的所有数据作为函数的实参来传递，显然，这种传送方式内存的开销就太大了。

【例 9.10】 设有一个经理与工人通用的表格，经理数据有姓名、年龄、职业、办公室 4 项。工人数据有姓名、年龄、职业、车间号 4 项。编程输入 10 个人员的数据，再以表格输出。

程序如下：

```
1     #include"stdio.h"
2     int  main()
3     {
4     struct
5     {
6     char xm[10];         /*姓名*/
7     int nl;              /*年龄*/
8     char zy;             /*职业*/
9     union
10    {
11    int cjh;             /*车间号*/
12    char bgs[10];        /*办公室*/
13    } bm;                /*部门（共用体变量）*/
14    }body[10];           /*结构体数组，可存储 10 个人员的信息*/
15    int i;
16    printf("input 姓名 年龄 职业 and 部门\n");
17    for(i=0;i<10;i++)
18    {
19    scanf("%s %d %c",body[i].xm,&body[i].nl,&body[i].zy);
20    if(body[i].zy=='g')  /*g 代表工人，j 代表经理*/
21    scanf("%d",&body[i].bm.cjh);
22    else
23    scanf("%s",body[i].bm.bgs);
24    }
25    printf("姓名\t 年龄 职业 车间号/办公室\n");
26    for(i=0;i<10;i++)
27    {
28    if(body[i].zy=='g')
29    printf("%s\t%3d %3c %8d\n",body[i].xm,body[i].nl,body[i].zy,
body[i].bm.cjh);
30    else
31    printf("%s\t%3d %3c %8s\n",body[i].xm,body[i].nl,body[i].zy,body[i].
bm.bgs);
32    }
33    return 0;
34    }
```

程序运行结果：

```
input 姓名 年龄 职业 and 部门
陈万万 28 g 3
王丽丽 28 g 4
程来东 48 j 厂办
李潇潇 28 g 3
汪东东 48 g 3
蓝任然 28 g 4
苏观里 28 j 销售
张灵那 38 g 1
周空峰 28 g 3
杨江津 48 j 厂办
```

姓名	年龄	职业	车间号/办公室
陈万万	28	g	3
王丽丽	28	g	4
程来东	48	j	厂办
李潇潇	28	g	3
汪东东	48	g	3
蓝任然	28	g	4
苏观里	28	j	销售
张灵那	38	g	1
周空峰	28	g	3
杨江津	48	j	厂办

程序分析如下。

在本例程序中，在结构体中嵌套了一个部门（bm）的共用体。共用体 bm 中有 2 个成员，一个是整型变量 cjh，另一个是长度为 10 的字符数组 bgs。当职业是工人（g）时，用整型变量 cjh 存储车间号，如 3 号车间，当职业是经理（j）时，用字符数组 bgs 存储办公室的名字，如厂办。

本章小结

（1）本章重点介绍了结构体和共用体这两种常用的构造数据类型。两者有很多的相似之处，都由成员组成。各成员可以具有不同的数据类型。成员的表示方法相同。都可用三种方式作变量说明。在结构体中，各成员都占有自己的内存空间，结构体变量的总长度等于所有成员长度之和。在共用体中，所有成员不能同时占用它的内存空间，共用体变量的长度等于最长的成员的长度。

（2）"."是成员运算符，结构体和共用体变量用它操作成员项。"–>"是指向运算符，结构体和共用体的指针用它操作成员项。

（3）结构体变量可以作为函数参数，函数的返回类型。而共用体变量不能作为函数参数和函数得返回类型。

（4）结构体和共用体都可以组成数组。

（5）结构体允许嵌套共用体，共同体中也可以嵌套结构体。

（6）链表是一种重要的数据结构，它便于实现动态的存储分配。

习题 9

班级＿＿＿＿＿＿＿　　　姓名＿＿＿＿＿＿＿　　　学号＿＿＿＿＿＿＿

一、判断题

1. 结构体类型（struct）和共用体类型（union）实际上是相同的。（　　　）
2. 在定义枚举时，枚举常量可以是标识符或数字。（　　　）
3. 在程序中定义一个结构体类型时，将为此类型分配存储空间。（　　　）
4. 结构体变量所占的存储空间大小是其所有成员占用空间大小的总和。（　　　）
5. 结构体有 3 种定义的方式。（　　　）

二、填空题

1. 若有以下说明定义语句，则对 x.a 成员的另外两种引用方式是＿＿＿＿和＿＿＿＿。

```
struct st
{   int a;
    struct st *b;
} *p,x;
    p=&x
```

2. 如 int 类型占 2 个字节，有语句 struct st{int n;char m[6];}，则 sizeof(struct st)的值为

＿＿＿＿＿＿＿＿。

三、选择题

1. 以下对结构体类型变量的定义中，不正确的是（　　　）。

    A.　typedef struct aa
       {　int x;
        float y;
       }AA;
       AA td1;

    B.　#define　AA　struct aa
         AA {　int x;
           float y;
         }td1;

    C.　struct
       {　int x;
        float y;
       }aa;
       struct aa td1;

    D.　struct
       {　int x;
        float y;
       }td1;

2. 已知职工记录描述如下，设变量 w 中的"生日"是"2000 年 10 月 25 日"，下列对"生日"的正确赋值方式是（　　　）。

```
struct worker
{int no; char name[20]; char sex;
    struct birth{ int day; int month; int year;}a;
};
struct worker w;
```

    A.　day=25; month=10; year=2000;

    B.　w.birth.day=25; w.birth.month=10; w.birth.year=2000;

    C.　w.day=25; w.month=10; w.year=2000;

    D.　w.a.day=25; w.a.month=10; w.a.year=2000;

3. 下列关于链表的叙述不正确的是（　　　）。

    A.　通过链表可以实现内存的动态分配

    B.　链表要求在逻辑上相邻的两个元素在物理存储上也是相邻的

C. 在链表中除尾节点外，每一个节点的指针域存储的是下一个节点的地址

D. 每个链表必须用一个指向链表的指针来表示

4. 设有如下定义的枚举类型：enum color{red=2,yellow,blue=9,white,black}，则枚举量 black 的值为（   ）。

A. 4　　　　　　　　B. 6　　　　　　　　C. 9　　　　　　　　D. 11

5. 下面对 typedef 的叙述中不正确的是（   ）。

A. 用 typedef 可以定义各种类型名，但不能用来定义变量

B. 用 typedef 可以增加新类型

C. 用 typedef 只是将已存在的类型用一个新的标识符来代表

D. 使用 typedef 有利于程序的通用和移植

6. 若定义语句如下：

```
union{long x[2];short y[6];char z[10];}me;
```

则表达式 sizeof(me)的值是（   ）。

A. 2　　　　　　　　B. 8　　　　　　　　C. 10　　　　　　　　D. 12

四、编程题

1. 已知有 4 个学生的记录信息（包括学号、姓名和成绩），要求输出成绩最高者。

2. 编写一个函数 output()，输出一个学生的成绩，该学生成绩在一个数组中，该数组中有 8 个学生的数据记录，每个记录包括学号、姓名、性别、年龄、五门课的成绩，用主函数输入这些记录，用 output()函数输出这些记录和总分。

3. 有 10 个学生，每个学生学习 3 门功课。计算每人的平均成绩和总的不及格人数。

4. 编写一个函数 mynew()，对自己定义的一个结构体类型开辟多个该类型连续的存储空间，此函数应返回一个指针，指向开始的空间地址。

5. 长江是中华民族的母亲河。长江文明源远流长，博大精深，为中华文明乃至世界文明做出了突出贡献。长江边上的四大城市是：重庆、武汉、南京、上海。重庆是中国著名历史文化名城。有文字记载的历史达 3000 多年，是巴渝文化的发祥地。武汉是楚文化的重要发祥地。春秋战国以来，武汉一直是中国南方的军事和商业重镇，近代史上数度成为全国政治、军事、文化中心。南京古称金陵，中华文明的重要发祥地，长期是我国南方的政治、经济、文化中心。上海位于我国海岸线中部的长江口，我国第一大城市，拥有我国最大的工业基地、最大的外贸港口，是我国的经济、金融、贸易和航运中心。

（1）创建一个链表，将长江边的四大城市串连起来。

（2）分别建立重庆、武汉、南京、上海 4 个节点。

（3）输入 4 个节点的数据，在输入数据的同时，介绍长江和 4 个城市的历史和文化。

第 10 章
文件系统

本章导读

　　通过本章的学习，要求读者掌握文件的基本概念，以及文件的打开与关闭、读写运用、读写位置定位的方法。

10.1　文件概述

在前面的章节中，所有的输入数据都来自标准输入设备（键盘），所得到的结果也总是送到标准输出设备（显示器）上去。而需要保存的数据，主要通过变量和数组等形式把它们存放在内存中。而一旦停电，数据将全部丢失。如果数据量太大，超过内存，这种方式也同样无能为力。因此急需一种把数据存储在外部介质上的办法，这就引出了"文件"这个概念。

10.1.1　文件类型

"文件"一般指存储在外部介质（磁盘）上数据的集合。大批量的数据是以文件的形式存放在外部介质（如磁盘）上的，操作系统是以文件为单位对数据进行管理的。如果想要找存在外部介质上的数据，必须找到文件名，再从该文件中读取数据。要在外部介质上存储数据也必须先建立一个文件，才能向它输出数据。

1．ASCII 文件和二进制文件

C 语言把文件看成一个字符（字节）序列，而不是由记录组成的。对文件的存取也是以字节为单位的。根据文件中数据的组织形式，文件分为两种类型：文本文件（又称 ASCII 文件）和二进制文件。文本文件中每一个字节存放一个 ASCII 值，代表一个字符。二进制文件中的数据是按其在内存中的存储形式存放的，即按数据的二进制形式存放的。

以十进制数 12345 的存储形式为例：ASCII 形式存储共占用 5 个字节，而采用二进制形式存储只需要 2 个字节，如图 10-1 所示。

图 10-1　两种文件形式与内存形式之间的关系

2．缓冲文件系统和非缓冲文件系统

缓冲文件系统是指：系统自动地为每个正在使用的文件开辟一个缓冲区，从内存向外部介质（磁盘）存数据或从外部介质（磁盘）向内存取数据都通过这个缓冲区。

非缓冲文件系统是指：系统不自动为文件开辟缓冲区，而由程序自己为所需的文件开辟缓冲区。

一般情况下，当数据是从内存向外的时候，需要将这个缓冲区写满后，才将缓冲区里的数据整体写入外部介质（磁盘）上。当数据是从外部向内存里读的时候，首先将这个缓冲区读满后，才根据需要将缓冲区里的数据分批读入内存中。从而避免了磁盘频繁的读写操作，如图 10-2 所示。

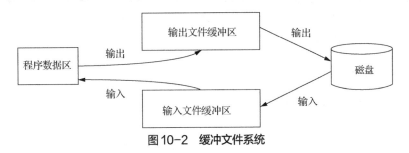

图 10-2　缓冲文件系统

由于这两种文件系统中有许多功能是重叠的，因此标准的 C 语言建议只保留缓冲文件系统，并扩展了它的功能。这样在我们学习的 C 语言中，缓冲文件既用于处理文本文件，又用来处理二进制文件。

10.1.2 文件指针

在 C 语言中，用一个指针变量指向一个文件，这个指针称为文件指针。我们通过文件指针就可对它所指向的文件进行各类操作。

文件型指针的数据类型为 FILE，它在 stdio.h 头文件中的定义如下：

```
typedef struct {
    short          level;          /*缓冲区满空程度*/
    unsigned       flags;          /*文件状态标志*/
    char           fd;             /*文件描述符*/
    unsigned char  hold;           /*无缓冲则不读取字符*/
    short          bsize;          /*缓冲区大小*/
    unsigned char  *buffer;        /*数据缓冲区*/
    unsigned char  *curp;          /*当前位置指针*/
    unsigned       istemp;         /*临时文件指示器*/
    short          token;          /*用于有效性检查*/
} FILE;
```

其中，FILE 应为大写，它实际上是由系统定义的一个结构体，该结构体中含有文件名、文件状态和文件当前位置等信息。每个被使用的文件都在内存中开辟一个区，用来存放文件的以上有关信息。但程序员在编写源程序时，可以不必关心 FILE 结构的细节，而直接用 FILE 类型的指针去操作文件，例如，"FILE *fp;"表示 fp 是指向 FILE 结构体的指针变量及文件指针，通过 fp 即可找到存放某个文件信息的结构体变量，然后按结构体变量提供的信息找到该文件，实施对文件的操作。

为了使文件的概念统一，系统把常用的输入/输出设备，如键盘、显示器等都看成一个文件，因为，对计算机来说，从键盘接收数据和从文件接收数据概念是一样的，将数据写到显示器和将数据写入文件概念是一样的。

常用标准设备的文件指针由系统命名，例如，标准输入文件指针（stdin）表示键盘，标准输出文件指针（stdout）表示显示器，标准打印输出文件指针（stdprn）表示打印机，标准出错输出文件指针（stderr）等，这些文件指针不需要用户说明，可以在程序中直接使用它们。

10.2   文件的操作

在 C 语言中，没有专门的输入/输出语句，对文件的读写操作都是用库函数来实现的。标准的 C 语言规定了标准的输入/输出函数，可用它们对文件进行各类操作。

下面将介绍一些比较常用的文件操作函数。

10.2.1 文件的打开和关闭

1．文件的打开（fopen()函数）

函数原型：

```
FILE *fopen(char *filename,char *mode);
```

说明如下。

（1）若成功，返回指向被打开文件的指针。

（2）若出错，返回空指针 NULL(0)。

（3）filename：这是一个文件指针，对应实参为文件名字的字符串首地址，或用双引号引起来的文件名。此文件名可以带路径名，如"C:\\windows\\xyz.txt"表示打开 C 盘 windows 文件夹下的 xyz.txt 文件。

（4）mode 为文件的操作方式，如表 10-1 所示。

表 10-1　文件操作方式

文件操作方式	含义
"r"（只读）	以只读方式打开一个字符文件
"w"（只写）	以只写方式打开一个字符文件，文件指针指向文件首部
"a"（追加）	打开字符文件，指向文件尾，在已存在的文件中追加数据
"rb"（只读）	以只读方式打开一个二进制文件
"wb"（只写）	以只写方式打开一个二进制文件
"ab"（追加）	打开二进制文件，以向文件追加数据
"r+"（读写）	以读写方式打开一个已存在的字符文件
"w+"（读写）	以读写方式建立一个新的字符文件
"a+"（读写）	以读写方式打开一个字符文件，进行追加
"rb+"（读写）	以读写方式打开一个二进制文件
"wb+"（读写）	以读写方式建立一个新的二进制文件
"ab+"（读写）	以读写方式打开一个二进制文件进行追加

以"r"方式打开的文件只能用于读。而以"w"方式打开的文件只能用于写，如果这个文件不存在就创建这个文件。如果文件已存在，则以"w"方式打开文件将使原来文件的内容全部丢失。如果要想在文件的末尾加新的数据，就要以"a"方式打开文件。不能直接在文件的中间插入数据。

例如：

```
FILE *fp1;
if (fp1=fopen("C:\\mybook\\bk.txt ", "r"))
{
      printf("File  cannot  be  opened!\n");
      exit(0);
}
```

这段程序的意义是：如果返回的指针为空，表示不能打开 C 盘 mybook 文件夹下的 bk.txt 文件，并给出提示信息"File cannot be opened!"，exit(0)函数的功能是关闭所有打开的文件并强迫程序结束退出。

2．文件的关闭（fclose()函数）

函数原型：

```
int fclose(FILE *fp);
```

说明如下。

（1）若成功，返回 0。

（2）若出错，返回 EOF(-1)。

（3）fp：要关闭的文件指针。

"关闭"就是使文件指针变量不指向该文件，使文件指针和文件"脱钩"，使其不能再通过该指针对文件进行操作。

同时"关闭"文件可保证其数据的完整性，因为在写文件时，是先将数据输入缓冲区，待缓冲区充满后才正式输出到文件中，如果数据未充满缓冲区而程序结束运行，就会将缓冲区中的数据丢失。用 fclose()函数关闭文件，将避免这个问题，它先把缓冲区中的数据输出到磁盘文件，然后才释放文件指针变量。

例如，关闭文件的程序如下：

```
FILE *fp;
char *file="D:\\mybook\\bk.txt";
if (!(fp=fopen(file, "rb+")))
{
        printf("Open file %s error!\n", file);
        exit(0);
        }
...
fclose(fp);
```

当文件关闭出错时，可以用 ferror()函数进行测试。

10.2.2 文件的读写操作

1. 字符读写函数 fgetc()和 fputc()

（1）读字符函数 fgetc()

函数原型：

```
int fgetc(FILE *fp);
```

说明如下。

① fp：文件指针。

② 若成功，返回输入的字符。

③ 若失败或文件结束，返回 EOF。

fgetc()函数的功能是从指定的文件中读一个字符。

【例 10.1】 读入文件 bk.txt 的内容（I Love ChongQing），在屏幕上显示。

程序如下：

```
1    #include<stdio.h>
2    int main()
3    {
4        FILE *fp;
5        char ch;
6        if((fp=fopen("bk.txt","r"))==NULL)
7            {
8                printf("File cannot be opened ");
9                exit(0);
10           }
11       ch=fgetc(fp);
12       while (ch!=EOF)
13         {
14             putchar(ch);
15             ch=fgetc(fp);
16         }
```

```
17        fclose(fp);
18    return 0;
19    }
```

程序运行结果：

```
I Love ChongQing
```

程序分析如下。

程序从文件中逐个读取字符，在屏幕上显示。在循环中，只要读出的字符不是文件结束标志 EOF，就把该字符显示在屏幕上，再读入下一字符，直到文件结束。

（2）写字符函数 fputc()

函数原型：

```
int fputc(int c, FILE *fp);
```

说明如下。

① c：要输出到文件的字符。

② fp：文件指针。

③ 若成功，返回输出的字符。

④ 若失败或文件结束，返回 EOF。

fputc()函数的功能是把一个字符写入指定的文件中。

【例 10.2】 从键盘输入一行字符，写入一个文件。

程序如下：

```
1    #include<stdio.h>
2    int main()
3    {
4        FILE *fp;
5        char ch;
6        if((fp=fopen("bk1.txt","w"))==NULL)
7            {
8                printf("File cannot be opened!");
9                exit(0);
10           }
11       printf("input a string:\n");
12       ch=getchar();
13       while (ch!= '\n')
14           {
15               fputc(ch,fp);
16               ch=getchar();
17           }
18       fclose(fp);
19   return 0;
20   }
```

程序运行结果：

```
input a string:
I Love China
```

硬盘出现一个 bk1 文件，打开文件，内容如下：

```
I Love China
```

程序分析如下。

程序以写方式打开文件 bk1。然后从键盘读入一个字符后进入循环，当读入字符不为回车符时，则把该字符写入文件之中，然后继续从键盘读入下一字符，直到读出的字符是回车符为止。

2．字符串读写函数 fgets () 和 fputs ()

（1）读字符串函数 fgets()

函数原型：

```
char *fgets(char *s, int n, FILE *fp);
```

说明如下。

① 从 fp 输入字符串到 s 中，输入 n-1 个字符，直到遇到换行符或 EOF 为止，读完后自动在字符串末尾添加'\0'。

② 若成功，返回 s 首地址。

③ 若失败，返回 NULL。

fgets()函数的功能是从指定的文件中读一个字符串到字符数组中。

【例 10.3】 从 bk.txt 文件中，读入一个不大于 99 个字符的字符串。

程序如下：

```
1    #include<stdio.h>
2    int main()
3    {
4        FILE *fp;
5        char string[100];
6        if((fp=fopen("bk.txt ","rt"))==NULL)
7          {
8              printf("File cannot be opened!");
9              exit(0);
10         }
11       fgets(string,100,fp);
12       printf("%s",string);
13       fclose(fp);
14   return 0;
15   }
```

程序运行结果：

```
I Love ChongQing
```

程序分析如下。

程序定义了一个有 100 字节的字符数组 string，以读方式打开文件 bk.txt，从中读出的多个字符（不大于 99 个字符）送入 string 数组，在数组最后一个单元内将自动加上'\0'，然后在屏幕上显示输出 string 数组的内容。

（2）写字符串函数 fputs()

函数原型：

```
int fputs(char *s, FILE *fp);
```

说明如下。

① 字符串的结束标志'\0'不会输出到文件，也不会在字符串末尾自动添加换行符。

② 若成功，返回输出字符个数（或最后的字符）。

③ 若失败，返回 EOF。

fputs()函数的功能是向指定的文件写入一个字符串。

【例 10.4】 在文件 bk.txt 中追加一个字符串。

程序如下：

```
1    #include<stdio.h>
2    int main()
3    {
4        FILE *fp;
```

```
5          char ch,string[20];
6          if((fp=fopen("bk.txt","at+"))==NULL)
7              {
8                  printf("File cannot be opened!");
9                  exit(0);
10             }
11         printf("input a string:\n");
12         scanf("%s",string);
13         fputs(string,fp);
14         fclose(fp);
15     return 0;
16     }
```

程序运行结果：

```
input a string:
autumn
```

程序分析如下。

程序以追加读写方式打开文件 bk.txt。然后输入字符串 "autumn"，并用 fputs() 函数把该字符串写入文件 bk.txt 中。

3. 数据块读写函数 fread() 和 fwrite()

函数原型：

```
size_t fread (void  *buffer, size_t  size,size_t  count, FILE  *fp);
size_t fwrite(void  *buffer, size_t  size,size_t  count, FILE  *fp);
```

说明如下。

（1）buffer：要读/写的数据块地址。

（2）size：要读/写的每个数据项的字节数。

（3）count：要读/写的数据项数量。

（4）fp：文件指针。

（5）若成功，返回实际读/写的数据项数量。

（6）若失败，一般返回 0。

【**例 10.5**】 从键盘输入两个学生数据，写入一个文件中，再读出这些数据显示在屏幕上。

程序如下：

```
1      #include<stdio.h>
2      struct student
3      {
4          char name[12];
5          int num;
6      }stu1[2],stu2[2],*p,*q;
7      int main()
8      {
9          FILE *fp;
10         char ch;
11         int i;
12         p=stu1;
13         q=stu2;
14         if((fp=fopen("boy","w"))==NULL)
15             {
16                 printf("File cannot be opened!");
17                 exit(0);
18             }
19         printf("\n input data\n");
20         for(i=0;i<2;i++,p++)
```

```
21          scanf("%s%d",p->name,&p->num);
22      p=stu1;
23      fwrite(p,sizeof(struct student),2,fp);
24  fclose(fp);
25  if((fp=fopen("boy","r"))==NULL)
26  {
27      printf("File cannot be opened!");
28      exit(0);
29  }
30  fread(q,sizeof(struct student),2,fp);
31  printf("\n\n name\t number \n");
32  for(i=0;i<2;i++,q++)
33      printf("%s\t%5d \n",q->name,q->num);
34  fclose(fp);
35  return 0;
36  }
```

程序运行结果：

```
input data
wwang 96✓
chen 66✓


name    number
wwang     96
chen      66
```

程序分析如下。

程序定义了一个结构体 student，说明了两个结构体数组 stu1 和 stu2 以及两个结构体指针变量 p 和 q。p 指向 stu1，q 指向 stu2。程序以读方式打开文件"boy"，输入两个学生数据之后，写入该文件中，然后把文件关闭，再打开该文件，读出两个学生数据后，在屏幕上显示。

4．格式化读写函数 fscanf () 和 fprintf ()

函数原型：

```
int fscanf(FILE *fp,char *format[,address,…]);
int fprintf(FILE *fp,char *format[,argument,…]);
```

说明如下。

（1）fscanf()函数和 fprintf()函数与前面使用的 scanf()和 printf()函数的功能相似，都是格式化读写函数。两者的区别在于 fscanf()函数和 fprintf()函数的读写对象不是键盘和显示器，而是磁盘文件。

（2）这两个函数从文件输入或输出到文件。

【例 10.6】 格式化读写文件。

程序如下：

```
1   #include "stdio.h"
2   int main()
3   {
4   FILE *fp;
5   int   i;
6   char  string[10];      //姓名字符串
7   int   age;             //年龄
8   float average;         //平均成绩
9   if((fp=fopen("book.txt","w"))==NULL)
10  {printf("Cannot open file! \n");
11   exit(0);}
```

```
12    printf("string: ");
13    scanf("%s",&string);
14    printf("age,average: ");
15    scanf("%d%f",&age,&average);
16    while(strlen(string)>1) {
17            fprintf(fp,"%s %d %f",string,age,average);
18            printf("string,age,average: ");
19            scanf("%s%d%f",string,&age,&average);}
20            fclose(fp);
21            return 0;
22    }
```

程序运行结果：

```
string: k0
age,average: 20 66
string,age,average: k1 21 77
string,age,average: k2 22 90
string,age,average: k3 19 80
string,age,average: k 0 0
```

按程序的提示，输入以上内容，将在 C 盘的当前文件夹下创建一个 book.txt 文件，文件中的内容如下：

```
k0 20 66.000000  k1 21 77.000000  k2 22 90.000000  k3 19 80.000000
```

程序分析如下。

本例程序中，"fprintf(fp,"%s %d %f",string,age,average);"语句表示以%s 格式将 string 中的姓名字符串写入 book.txt 文件，以%d 格式将 age 的值写入 book.txt 文件，以%f 格式将 average 的值写入 book.txt 文件。

可以看出，fprintf()与 printf()函数功能相似，都是格式化写函数。两者的区别在于 fprintf()函数的写对象不是显示器，而是磁盘文件。fscanf()函数与 scanf()函数也类似这种情况。

10.3　文件的检测与随机读写

前面介绍的对文件的读写方式都是顺序读写，且读写文件只能从头开始顺序读写各个数据。但在实际问题中我们并不总是希望按顺序读写文件，有时也需要在文件的任意指定位置读写数据，这就是文件随机读写的概念。

10.3.1　文件的检测

1．文件结束检测函数 feof()

函数原型：

```
int feof(FILE *fp);
```

说明如下。

（1）判断文件是否处于文件结束位置。

（2）如文件结束，则返回值为 1，否则为 0。

例如，读入一个文件直到文件尾的程序：

```
while(! feof(fp))
    ch=getc(fp);
```

2．读写文件出错检测函数 ferror()

函数原型：

```
int ferror(FILE *fp);
```

说明如下。

（1）检查文件在用各种输入/输出函数进行读写时是否出错。

（2）ferror()返回值为 0 表示未出错，否则表示有错。

应该注意，对同一个文件每一次调用输入/输出函数，均产生一个新的 ferror()函数值，因此，应当在调用一个输入/输出函数后立即检查 ferror()函数的值，否则信息会丢失。

在执行 fopen()函数时，ferror()函数的初值自动置 0。

3．文件出错标志和文件结束标志置 0 函数 clearerr()

函数原型：

```
int clearerr(FILE *fp);
```

说明如下。

（1）清除出错标志和文件结束标志，使它们为 0。

（2）如在调用一个输入/输出函数时出现错误，ferror()函数值为一个非零值。在调用 clearerr(fp)后，ferror(fp)的值变成 0。

（3）只要出现错误标志就一直保留，直到对同一文件调用 clearerr()函数或其他任何一个输入/输出函数。

10.3.2　文件的随机读写

实现随机读写的关键是按要求移动位置指针，这称为文件的定位。

文件中有一个位置指针指向当前读写的位置，如果顺序读写一个文件，每次读写一个字符，则读写完这个字符后，该位置指针自动移动指向下一个字符位置。如果想改变这样的规律，强制使位置指针指向其他指定的位置，需要使用 rewind()函数、ftell()函数和 fseek()函数。

1．重新定位函数 rewind()

函数原型：

```
void rewind(FILE *fp);
```

说明如下。

（1）fp：文件指针。

（2）使文件位置指针重新返回文件开头，无返回值。

它的功能是把文件内部的位置指针移到文件头。不管当前文件的位置指针在何处，都强行让该指针指向文件头。

2．得到当前文件内部位置函数 ftell()

函数原型：

```
long ftell(FILE *fp);
```

说明如下。

（1）fp：文件指针。

（2）得到文件中的当前位置，用相对于文件开头的位移量来表示。

由于文件中的位置指针经常移动，人们往往不容易知道其当前位置，用 ftell()函数可以得到当前位置，如果 ftell()函数返回值为-1L，表示出错。

例如：

```
i=ftell(fp);
if(i==-1L)
```

```
    printf ("error");
```

变量 i 存放指针当前位置，若调用函数出错（如不存在此文件），则输出"error"。

3．移动文件内部位置函数 fseek()

函数原型：

```
int fseek(FILE *fp, long offset, int whence);
```

说明如下。

（1）fp：文件指针。

（2）offset：偏移量。

（3）whence：起始位置。

函数的功能是可以随机改变文件的位置指针。

"文件指针"指向被移动的文件。

"偏移量"表示移动的字节数，要求位移量是 long 型数据。当用常量表示位移量时，要求加后缀"L"。

"起始位置"表示开始计算位移量的起点，有三种表示方式：文件开始、当前位置和文件末尾，如表 10-2 所示。

表 10-2　文件起始位置表示方式

起始点	表示符号	表示数字
文件开始	SEEK_SET	0
文件当前位置	SEEK_CUR	1
文件末尾	SEEK_END	2

举例：

```
fseek(fp, 10L, SEEK_SET);
fseek(fp, -100L, 1);
fseek(fp, -28L, 2);
fseek(fp,10L, SEEK_SET);      /*其意义是把位置指针移到离文件开始位置10个字节处*/
fseek(fp, -100L, 1) ;         /*其意义是把位置指针从当前位置向文件头移动100个字节*/
fseek(fp, -28L, 2);           /*其意义是把位置指针从文件尾向文件头移动28个字节*/
```

10.4　综合应用

【例 10.7】在学生文件 student.txt 中读出第二个学生的数据。

程序如下：

```
1    #include<stdio.h>
2    struct student
3    {
4        char name[10];
5        char addr[20];
6    }stu,*q;
7    int main()
8    {
9        FILE *fp;
10       char ch;
11    int i=1;
12    q=&stu;
13    if((fp=fopen("student.txt","r"))==NULL)
```

```
14            {
15                printf("File cannot be opened!");
16                exit(0);
17            }
18        rewind(fp);
19        fseek(fp,i*sizeof(struct student),0);
20        fread(q,sizeof(struct student),1,fp);
21        printf("\n\nname\t addr\n");
22        printf("%s\t %s\n",q->name,q->addr);
23     return 0;
24    }
```

程序分析如下。

本例程序中，首先定义了一个 student 类型及其变量，在主函数中用读方式打开当前文件夹下的 student.txt 文件。用 rewind() 函数、fseek() 函数定位，用 fread() 函数读取数据。函数中的 sizeof(struct student) 语句表示调用 sizeof() 函数，求 struct student 类型的结构体变量所占字节数。

【例 10.8】综合应用举例。

（1）建立一个含有 30 个学生成绩的文件 file1.txt，每个学生的数据包括：姓名、学号以及语文、数学、外语三门课的成绩。

（2）求每个学生的总分和平均分，文件名为 file2.txt。

（3）对 file2.txt 按总分排序，结果存入文件 file3.txt。

程序如下：

```
1    #include"stdio.h"
2    #include"string.h"
3    struct stu1
4      {
5        char name[10];                          /*姓名*/
6        char num[10];                           /*学号*/
7        int score[3];                           /*三门课成绩*/
8      }s1[30];
9    struct stu2
10     {
11       char name[10];
12       char num[10];
13       int score[3];
14       int total;                              /*总分*/
15       float average;                          /*平均分*/
16     }s2[30];
17
18
19   void inputfile1()
20   { FILE *f;
21    int i;
22    f=fopen("file1.txt","w");
23    for(i=0;i<30;i++)
24     { scanf("%s %s %d %d %d",s1[i].name,s1[i].num,
25         &s1[i].score[0],&s1[i].score[1],&s1[i].score[2]);
26         if(fwrite(&s1[i],sizeof(struct stu1),1,f)!=1)
27         {printf("File file1.txt write error\n");}
28     }
29    fclose(f);
30   }
31
```

```
32
33   void computefile2()
34   { FILE *f,*f1; int i,j;
35       f=fopen("file2.txt","w");
36     f1=fopen("file1.txt","r");
37     for(i=0;i<30;i++)
38         {   strcpy(s2[i].name,s1[i].name);
39           strcpy(s2[i].num,s1[i].num);
40           for(j=0;j<3;j++)
41   {s2[i].score[j]=s1[i].score[j]; s2[i].total+=s1[i].score[j];      }
42           s2[i]. average=s2[i].total/3;
43           if(fwrite(&s2[i],sizeof(struct stu2),1,f)!=1)
44               {printf("File file1.txt write error\n"); }
45   fseek(f1,sizeof(struct stu1),1);
46     }
47     fclose(f);    fclose(f1);
48   }
49
50
51   void sort ()
52   {
53   FILE *f1,*f2;
54    int m,n;
55    struct stu2 temp;
56    f1=fopen("file2.txt","r");
57    f2=fopen("file3.txt","w");
58      for(m=0;m<30;m++)
59      {
60      for(n=m+1;n<30;n++)
61         if(s2[m].total<s2[n].total)
62             {temp=s2[m]; s2[m]=s2[n];s2[n]=temp;}
63      fwrite(&s2[m],sizeof(temp),1,f2);
64      printf("%-10s%-10s%3d%3d%3d%4d%4.1f\n",s2[m].name,s2[m].num,
65          s2[m].score[0],s2[m].score[1],s2[m].score[2],
66          s2[m].total,s2[m]. average);
67      }
68      fclose(f1);
69      fclose(f2);
70   }
71
72
73   int main()
74   {
75      inputfile1();
76      computefile2();
77      sort();
78      return 0;
79   }
```

程序分析如下。

首先建立结构体数组 s1[30]存放学生基本信息，结构体数组 s2[30]存放学生基本信息+总分+平均分。inputfile1()函数实现从键盘输入基本数据存入 file1.txt 文件中。computefile2()函数实现从 file1.txt 文件中读入基本数据，并计算出总分和平均分，建立 file2.txt 文件。sort()函数实现从 file2.txt

文件中读入数据，用冒泡排序法按总分排序，把结果存放到 file3.txt 中，并在屏幕上显示。最后在主函数中依次调用 3 个函数。

本章小结

（1）本章介绍了二进制文件和 ASCII 文件的概念、标准输入/输出文件的概念、FILE 类型、文件指针的概念。

（2）本章介绍了当一个文件被打开时，如何取得该文件指针，读写结束时怎样关闭文件。二进制文件和文本文件的只读、只写、读写、追加四种打开方式。

（3）文件可按字节、字符串、数据块为单位读写，文件也可按指定的格式进行读写。本章介绍了文件内部位置指针的操作，文件随机读写的实现。

习题 10

班级＿＿＿＿＿＿＿　　姓名＿＿＿＿＿＿＿　　学号＿＿＿＿＿＿＿

一、简答题

1. 什么是缓冲文件系统？
2. 简述文件的打开与关闭的含义。
3. 为什么要打开和关闭文件？
4. 文件型指针是什么？
5. 简述二进制文件与文本文件的区别。
6. 文件使用完毕后必须关闭，否则会造成什么样的严重后果？

二、选择题

1. 要打开一个已存在的非空文件"book"用于修改，正确的语句是（　　　）。

    A. fp=fopen("book","r");　　　　　　　　B. fp=fopen("book","w");

    C. fp=fopen("book","r+");　　　　　　　D. fp=fopen("book","w+");

2. 标准库函数 fgets(p,n,f)的功能是（　　　）。

    A. 从文件 f 中读取长度为 n 的字符串存入指针 p 所指的内存

    B. 从文件 f 中读取长度不超过 n-1 的字符串存入指针 p 所指的内存

    C. 从文件 f 中读取 n 个字符串存入指针 p 所指的内存

    D. 从文件 f 中读取长度为 n-1 的字符串存入指针 p 所指的内存

3. C 语言中的文件类型只有（　　　）。

    A. 索引文件和文本文件两种　　　　　　B. 文本文件一种

    C. 二进制文件一种　　　　　　　　　　D. ASCII 文件和二进制文件两种

4. 如果程序中有语句"FILE *fp;fp=fopen("book.txt","w");"，则程序准备（　　　）。

    A. 对文件进行读写操作　　　　　　　　B. 对文件进行读操作

    C. 对文件进行写操作　　　　　　　　　D. 对文件不进行操作

5. 若 fp 已正确定义并指向某个文件，当未遇到该文件结束标志时，函数 feof(fp)的值为（　　　）。

    A. 0　　　　　　　B. 1　　　　　　　C. -1　　　　　　　D. 一个非 0 值

6. 执行如下程序段：

```
#include<stdio.h>
FILE  *fp;
```

```
fp=fopen("book","w");
```
则磁盘上生成的文件的全名是（   ）。

    A. book   B. book.c   C. book.dat   D. book.txt

7. 当已经存在一个 book1.txt 文件时，执行函数 fopen("book1.txt","r+")的功能是（   ）。

    A. 打开 book1.txt 文件，清除原有的内容

    B. 打开 book1.txt 文件，只能写入新的内容

    C. 打开 book1.txt 文件，只能读取原有内容

    D. 打开 book1.txt 文件，可以读取和写入新的内容

8. fread(buf,16,2,fp)的功能是（   ）。

    A. 从 fp 所指向的文件中，读出整数 16，并存放在 buf 中

    B. 从 fp 所指向的文件中，读出整数 16 和 2，并存放在 buf 中

    C. 从 fp 所指向的文件中，读出 16 字节的字符，读两次，并存放在 buf 地址中

    D. 从 fp 所指向的文件中，读出 2 个 16 字节的字符，并存放在 buf 中

9. 以下程序的功能是（   ）。

```
#include<stdio.h>
main()
{
FILE * fp;
char str[]="Beijing 2022";
fp = fopen("file2","w");
fputs(str,fp);
fclose(fp);
}
```

    A. 在屏幕上显示"Beijing 2022"   B. 把"Beijing 2022"存入 file2 文件中

    C. 在打印机上打印出"Beijing 2022"   D. 以上都不对

10. 文本文件中每一个字节存放一个（   ）。

    A. ASCII 值   B. 英文字母   C. 浮点数   D. 一个汉字

三、读程序写结果

1. 已知磁盘上有一个文件 book.txt，其中的内容为"Happy_new_year"。设下列程序中，该文件已经以读方式正确打开，并由文件指针 fp 指向该文件，则程序的输出结果是_____。

```
#include<stdio.h>
main()
{   FILE * fp;char str[40];
    ...
    fgets(str,5, fp);
    printf("%s\n",str);
    fclose(fp);
}
```

    A. happy   B. happ   C. my_fp   D. my

2. 以下程序的运行结果是_____。

```
#include <stdio.h>
main()
{   FILE *fp; int i=20,j=30,k,n;
    fp=fopen("book.dat","w");
    fprintf(fp,"%d\n",i);fprintf(fp,"%d\n",j);
    fclose(fp);
    fp=fopen("book.dat", "r");
    fp=fscanf(fp,"%d%d",&k, &n);  printf("%d %d\n",k,n);
```

```
    fclose(fp);
}
```

  A.　20 30   B.　30 20   C.　book.dat   D.　fp

四、编程题

1. 从键盘输入一个字符串，将其中的小写字母全部转换成大写字母，然后输出到一个磁盘文件 myfile 中保存。字符串以"?"结束。

2. 有 5 个学生，每个学生有 3 门课的成绩，从键盘输入以上数据（包括学生号、姓名、三门课成绩），计算出平均成绩，将原有的数据和计算出的平均分数存放在磁盘文件 stud 中。

3. 有两个磁盘文件 x 和 y，各存放一行字母，要求把这两个文件中的信息合并，输出到一个新文件 z 中。

4. 完成以下关于文件的操作。

（1）将下面的文字内容，用文件名"天山.txt"存在计算机的硬盘上。

横亘于亚洲中部的天山山脉高大雄伟，势与天齐，把辽阔的新疆大地分为南疆和北疆，天山东段的最高峰是博格达，博格达一词是"神之居所"之意，主峰海拔 5445 米，在主峰周围分别排列着 6 座 5000 米以上终年积雪的山峰。

之于我，最初知道天山，是在小学打着手电偷看武侠小说的时候。遥想当年，傅青主率七剑下天山，刀光剑影，快意恩仇；练霓裳一柄剑，一骑绝尘，一夜白头独上天山；陈家洛出生入死，冒险攀崖只为天山雪莲……直到今天，据说由长春真人邱处机率弟子所建的铁瓦寺，还矗立在天山的天池边。

（2）用 fopen() 函数打开硬盘上的"天山.txt"文件。

（3）用 fgetc() 函数和 fputc() 函数、fgets() 函数和 fputs() 函数、fscanf() 函数和 fprintf() 函数等不同的方式，分别在屏幕上显示"天山.txt"文件的内容。

附录1 ASCII 表

二进制	十进制	字符/缩写	二进制	十进制	字符/缩写	二进制	十进制	字符/缩写
00000000	0	NUL	00101011	43	+	01010110	86	V
00000001	1	SOH	00101100	44	,	01010111	87	W
00000010	2	STX	00101101	45	-	01011000	88	X
00000011	3	ETX	00101110	46	.	01011001	89	Y
00000100	4	EOT	00101111	47	/	01011010	90	Z
00000101	5	ENQ	00110000	48	0	01011011	91	[
00000110	6	ACK	00110001	49	1	01011100	92	\
00000111	7	BEL	00110010	50	2	01011101	93	]
00001000	8	BS	00110011	51	3	01011110	94	^
00001001	9	HT	00110100	52	4	01011111	95	_
00001010	10	LF/NL	00110101	53	5	01100000	96	`
00001011	11	VT	00110110	54	6	01100001	97	a
00001100	12	FF/NP	00110111	55	7	01100010	98	b
00001101	13	CR	00111000	56	8	01100011	99	c
00001110	14	SO	00111001	57	9	01100100	100	d
00001111	15	SI	00111010	58	:	01100101	101	e
00010000	16	DLE	00111011	59	;	01100110	102	f
00010001	17	DC1/XON	00111100	60	<	01100111	103	g
00010010	18	DC2	00111101	61	=	01101000	104	h
00010011	19	DC3/XOFF	00111110	62	>	01101001	105	i
00010100	20	DC4	00111111	63	?	01101010	106	j
00010101	21	NAK	01000000	64	@	01101011	107	k
00010110	22	SYN	01000001	65	A	01101100	108	l
00010111	23	ETB	01000010	66	B	01101101	109	m
00011000	24	CAN	01000011	67	C	01101110	110	n
00011001	25	EM	01000100	68	D	01101111	111	o
00011010	26	SUB	01000101	69	E	01110000	112	p
00011011	27	ESC	01000110	70	F	01110001	113	q
00011100	28	FS	01000111	71	G	01110010	114	r
00011101	29	GS	01001000	72	H	01110011	115	s
00011110	30	RS	01001001	73	I	01110100	116	t
00011111	31	US	01001010	74	J	01110101	117	u
00100000	32	(Space)	01001011	75	K	01110110	118	v
00100001	33	!	01001100	76	L	01110111	119	w
00100010	34	"	01001101	77	M	01111000	120	x
00100011	35	#	01001110	78	N	01111001	121	y
00100100	36	$	01001111	79	O	01111010	122	z
00100101	37	%	01010000	80	P	01111011	123	{
00100110	38	&	01010001	81	Q	01111100	124		
00100111	39	'	01010010	82	R	01111101	125	}
00101000	40	(	01010011	83	S	01111110	126	~
00101001	41	)	01010100	84	T	01111111	127	DEL
00101010	42	*	01010101	85	U			

附录2 C语言的关键字

序号	关键字	说明
1	auto	声明自动变量
2	short	声明短整型变量或函数
3	int	声明整型变量或函数
4	long	声明长整型变量或函数
5	float	声明浮点型变量或函数
6	double	声明双精度变量或函数
7	char	声明字符型变量或函数
8	struct	声明结构体变量或函数
9	union	声明共用数据类型
10	enum	声明枚举类型
11	typedef	用以给数据类型取别名
12	const	声明只读变量
13	unsigned	声明无符号类型变量或函数
14	signed	声明有符号类型变量或函数
15	extern	声明变量在其他文件中声明
16	register	声明寄存器变量
17	static	声明静态变量
18	volatile	说明变量在程序执行中可被隐含地改变
19	void	声明函数无返回值或无参数，声明无类型指针
20	if	条件语句
21	else	条件语句否定分支（与 if 连用）
22	switch	用于开关语句
23	case	开关语句分支
24	for	一种循环语句
25	do	循环语句的循环体
26	while	循环语句的循环条件
27	goto	无条件跳转语句
28	continue	结束当前循环，开始下一轮循环
29	break	跳出当前循环
30	default	开关语句中的"其他"分支
31	sizeof	计算数据类型长度
32	return	子程序返回语句（可以带参数，也可不带参数）循环条件

附录3 运算符的优先级和结合性

优先级	运算符	名称或含义	使用形式	结合方向	说明
1	[]	数组下标	数组名[常量表达式]	从左到右	
	()	圆括号	(表达式)		
			函数名(形参表)		
	.	成员选择（对象）	对象.成员名		
	->	成员选择（指针）	对象指针->成员名		
2	-	负号运算符	-表达式	从右到左	单目运算符
	(类型)	强制类型转换	(数据类型)表达式		
	++	自增运算符	++变量名		单目运算符
			变量名++		
	--	自减运算符	--变量名		单目运算符
			变量名--		
	*	取值运算符	*指针变量		单目运算符
	&	取地址运算符	&变量名		单目运算符
	!	逻辑非运算符	!表达式		单目运算符
	~	按位取反运算符	~表达式		单目运算符
	sizeof	长度运算符	sizeof(表达式)		
3	/	除	表达式 / 表达式	从左到右	双目运算符
	*	乘	表达式*表达式		双目运算符
	%	余数（取模）	整型表达式%整型表达式		双目运算符
4	+	加	表达式+表达式	从左到右	双目运算符
	-	减	表达式-表达式		双目运算符
5	<<	左移	变量<<表达式	从左到右	双目运算符
	>>	右移	变量>>表达式		双目运算符
6	>	大于	表达式>表达式	从左到右	双目运算符
	>=	大于等于	表达式>=表达式		双目运算符
	<	小于	表达式<表达式		双目运算符
	<=	小于等于	表达式<=表达式		双目运算符
7	==	等于	表达式==表达式	从左到右	双目运算符
	!=	不等于	表达式!= 表达式		双目运算符
8	&	按位与	表达式&表达式	从左到右	双目运算符
9	^	按位异或	表达式^表达式	从左到右	双目运算符
10	|	按位或	表达式|表达式	从左到右	双目运算符
11	&&	逻辑与	表达式&&表达式	从左到右	双目运算符
12	||	逻辑或	表达式||表达式	从左到右	双目运算符
13	?:	条件运算符	表达式1? 表达式2: 表达式3	从右到左	三目运算符
14	=	赋值运算符	变量=表达式	从右到左	
	/=	除后赋值	变量/=表达式		
	*=	乘后赋值	变量*=表达式		
	%=	取模后赋值	变量%=表达式		
	+=	加后赋值	变量+=表达式		
	-=	减后赋值	变量-=表达式		
	<<=	左移后赋值	变量<<=表达式		
	>>=	右移后赋值	变量>>=表达式		
	&=	按位与后赋值	变量&=表达式		
	^=	按位异或后赋值	变量^=表达式		
	|=	按位或后赋值	变量|=表达式		
15	,	逗号运算符	表达式,表达式,...	从左到右	

附录4　常用函数

1．数学函数（使用时应包含头文件"math. h"）

函数原型说明	函数功能	返回值
double acos(double x);	计算 x 的反余弦值	计算结果
double asin(double x);	计算 x 的反正弦值	计算结果
double atan(double x);	计算 x 的反正切值	计算结果
double atan2(double y,double x);	计算 y/x 的反正切值	计算结果
double ceil(double x);	向上舍入	返回>=x的用双精度浮点数表示的最小整数
double cos(double x);	计算 x 的余弦值	计算结果
double cosh(double x);	计算 x 的双曲余弦值	计算结果
double exp(double x);	计算 e 的 x 次方的值	计算结果
double fabs(double x);	计算双精度 x 的绝对值|x|	计算结果
double floor(double x);	向下舍入	返回<=x的用双精度浮点数表示的最大整数
double fmod(double x,double y);	计算 x 对 y 的模，即 x/y 的余数	计算结果
double log(double x);	计算 x 的自然对数 ln x 的值	计算结果
double log10(double x);	计算 10 为底的常用对数 log10x 的值	计算结果
double pow(double x,double y);	计算 x 的 y 次方的值	计算结果
double sin(double x);	计算 x 的正弦值	计算结果
double sinh(double x);	计算 x 的双曲正弦值	计算结果
double sqrt(double x);	计算 x 的平方根的值	计算结果
double tan(double x);	计算 x 的正切值	计算结果
double tanh(double x);	计算 x 的双曲正切值	计算结果

2．输入/输出函数（使用时应包含头文件"stdio. h"）

函数原型说明	函数功能	返回值
int close(int handle);	关闭与 handle 相关联的文件	关闭成功返回 0；否则返回-1
int creat(char *path,int amode);	以 amode 指定的方式创建一个新文件或重写一个已经存在的文件	创建成功时返回非负整数给 handle；否则返回-1
int eof(int handle);	检查与 handle 相关的文件是否结束	若文件结束返回 1。否则返回 0；返回值为-1 表示出错
int fclose(FILE*stream);	关闭 stream 所指的文件并释放文件缓冲区	操作成功返回 0，否则返回非 0
int feof(FILE*stream);	测试所给的文件是否结束	若检测到文件结束，返回非 0 值；否则返回为 0
int ferroe(FILE *stream);	检测 stream 所指向的文件是否有错	若有错返回 0；否则返回非 0
int fflush(FILE *stream);	把 stream 所指向的所有数据和控制信息存盘	若成功返回 0；否则返回非 0
int fgetc(FILE *stream);	从 stream 所指向的文件中读取下一个字符	操作成功返回所得到的字符；当文件结束或出错时返回 EOF
char *fgets(char *s,int n, FILE stream);	从输入流 stream 中读取 n-1 个字符，或遇到换行符"\n"为止，并把读出的内容存入 s 中	操作成功返回所指的字符串的指针；出错或遇到文件结束符时返回 NULL
FILE *fopen(char *filename, char *mode);	以 mode 指定的方式打开以 filename 为文件名的文件	操作成功返回到相连的流；出错时返回 NULL

续表

函数原型说明	函数功能	返回值
int fprintf(FILE*stream, char *format[,argument]);	照原样输出格式串 format 的内容到流 stream 中，每遇到一个 %，就按规定的格式依次输出一个 argument 的值到流 stream 中	返回所写字符的个数；出错时返回 EOF
int fputc(char *s,FILE *stream);	写一个字符到流中	操作成功返回所写的字符；失败或出错时返回 EOF
int fputs(char *s,FILE *stream);	把 s 所指的以空字符结束的字符串输出到流中，不加换行符"\n"，不复制字符串结束标记"\0"	操作成功返回最后写的字符；出错时返回 EOF
int fread(void *ptr,int size,intn, FILE*stream);	从所给的流 stream 中读取 n 项数据，每一项数据的长度是 size 字节，放到又 ptr 所指的缓冲区中	操作成功返回所读取的数据项数（不是字节数）；遇到文件结束或出错时返回 0
FILE*freopen(char Filename, char*mode,FILE*stream);	用 filename 所指定的文件代替与打开的流 stream 相关联的文件	若操作成功返回 stream；出错时返回 NULL
int fscanf(FILE*stream,char* format,address,…);	从流 stream 中扫描输入字段，每读入一个字段，就按照从 format 所指定的格式串中区一个从% 开始的格式进行格式化，之后存在对应的地址 address 中	返回成功地扫描、转换和存储地输入字段的个数；遇到文件结束返回 EOF；如果没有输入字段被存储则返回为 0
int fseek(FILE*stream,long offset, int whence);	设置与流 stream 相联系的文件指针到新的位置，新位置与 whence 给定的文件位置的距离为 offset 个字节	调用 fseek 之后，文件指针指向一个新的位置，成功的移动指针时返回 0；出错或失败时返回非 0 值
int fwrite(void*ptr,int size,int n, FILE*stream);	把指针 ptr 所指的 n 个数据输出到流 stream 中，每个数据项的长度是 size 个字节	操作成功返回确切写入的数据项的个数（不是字节数）；遇到文件结束或出错时返回 0
int getc(FILE*stream);	getc 是返回指定输入流 stream 中一个字符的宏，它移动 stream 文件的指针，使之指向下一个字符	操作成功返回所读取的字符；到文件结束或出错时返回 EOF
int getchar();	从标准输入流读取一个字符	操作成功返回输入流中的一个字符；遇到文件结束 Ctrl+Z 组合键或出错时返回 EOF
char*gets(char*s);	从输入流中读取一字符串，以换行符结束，送入 s 中，并在 s 中用"\0"空字符代替行符	操作成功时返回指向字符串的指针；出错或遇到文件结束时返回 NULL
int getw(FILE*stream);	从输入流中读取一个整数，不应用于当 stream 以文本方式打开的情况	操作成功时返回输入流 stream 中的一个整数；遇到文件结束或出错时返回 EOF
int kbhit( );	检查当前按下的键	若按下的键有效，返回非 0 值，否则返回 0 值
long lseek(int handle,long offset, int fromwhere);	lseek 把与 handle 相联系的文件指针从 fromwhere 所指的文件位置移动到偏移量为 offset 的新位置	返回从文件开始位置算起到指针新位置的偏移量字节数；发生错误返回-1L
int open(char*path,int mode);	根据 mode 的值打开由 path 指定的文件	调用成功返回文件句柄为非负整数；出错时返回-1
int printf(char*format[,argu,…]);	照原样复制格式串 format 中的内容到标准输出设备，每遇到一个%，就按规定的格式，依次输出一个表达式 argu 的值到标准输出设备上	操作成功返回输出的字符值；出错返回 EOF
int putc(int c,FILE*stream);	将字符 c 输出到 stream 中	操作成功返回输出字符的值；否则返回 EOF

续表

函数原型说明	函数功能	返回值
int putchar(int ch);	向标准输出设备输出字符	操作成功返回 ch 值；出错时返回 EOF
int puts(char*s);	输出以空字符结束的字符串 s 到标准输出设备上，并加上换行符	返回最后输出的字符；出错时返回 EOF
int putw(int w,FILE*stream);	输出整数 w 的值到流 stream 中	操作成功返回 w 的值；出错时返回 EOF
int read(int handle,void*buf, unsigned len);	从与 handle 相联系的文件中读取 len 个字节到由 buf 所指的缓冲区中	操作成功返回实际读入的字节数，到文件的末尾返回 0；失败时返回-1
int remove(char*filename);	删除由 filename 所指定的文件，若文件已经打开，则先要关闭该文件再进行删除	操作成功返回 0 值，否则返回-1
int rename(char*oldname,char* newname);	将 oldname 所指定的旧文件名改为由 newname 所指定的新文件名	操作成功返回 0 值，否则返回-1
void rewind(FILE*stream);	把文件的指针重新定位到文件的开头位置	无
int scanf(char*format,address,…);	scanf 扫描输入字段，从标准输入设备中每读入一个字段，就依次按照 format 所规定的格式串取一个%开始的格式进行格式化，然后存入对应的一个地址 address 中	操作成功返回扫描、转换和存储的输入的字段的个数；遇到文件结束，返回值为 EOF
int sprintf(char*buffer,char* format,[argu,…]);	本函数接受一系列参数和确定输出格式的格式控制串（由 format 指定），并把格式化的数据输出到 buffer 中	返回输出的字节数；出错返回 EOF
int sscanf(char*buffer,char* format,address,…);	扫描输入字段，从 buffer 所指的字符串中每读入一个字段，就依次按照由 format 所指的格式串中取一个从%开始的格式进行格式化，然后存入到对应的地址 address 中	操作成功返回扫描，转换和存储的输入字段的个数；遇到文件结束则返回 EOF
int write(int handle,void*buf, unsigned len);	从 buf 所指的缓冲区中写 len 个字节的内容到 handle 所指的文件中	返回实际所写的字节数；如果出错返回-1

3．字符函数（使用时应包含头文件"ctype. h"）

函数原型说明	函数功能	返回值
int isalnum(int ch)	检查 ch 是否为字母或数字	是，返回 1；否则返回 0
int isalpha(int ch)	检查 ch 是否为字母	是，返回 1；否则返回 0
int iscntrl(int ch)	检查 ch 是否为控制字符	是，返回 1；否则返回 0
int isdigit(int ch)	检查 ch 是否为数字	是，返回 1；否则返回 0
int isgraph(int ch)	检查 ch 是否为 ASCII 值在 ox21 到 ox7e 的可打印字符（即不包含空格字符）	是，返回 1；否则返回 0
int islower(int ch)	检查 ch 是否为小写字母	是，返回 1；否则返回 0
int isprint(int ch)	检查 ch 是否为包含空格符在内的可打印字符	是，返回 1；否则返回 0
int ispunct(int ch)	检查 ch 是否为除了空格、字母、数字之外的可打印字符	是，返回 1；否则返回 0
int isspace(int ch)	检查 ch 是否为空格、制表或换行符	是，返回 1；否则返回 0
int isupper(int ch)	检查 ch 是否为大写字母	是，返回 1；否则返回 0
int isxdigit(int ch)	检查 ch 是否为十六进制数	是，返回 1；否则返回 0
int tolower(int ch)	把 ch 中的字母转换成小写字母	返回对应的小写字母
int toupper(int ch)	把 ch 中的字母转换成大写字母	返回对应的大写字母

4．字符串函数（使用时应包含头文件"string．h"）

函数原型说明	函数功能	返回值
char *strcat(char *s1,char *s2)	把字符串 s2 接到 s1 后面	s1 所指地址
char *strchr(char *s,int ch)	在 s 所指字符串中，找出第一次出现字符 ch 的位置	返回找到的字符的地址，找不到返回 NULL
int strcmp(char *s1,char *s2)	对 s1 和 s2 所指字符串进行比较	s1<s2,返回负数；s1==s2,返回 0；s1>s2,返回正数
char *strcpy(char *s1,char *s2)	把 s2 指向的串复制到 s1 指向的空间	s1 所指地址
unsigned strlen(char *s)	求字符串 s 的长度	返回串中字符（不计最后的'\0'）个数
char *strstr(char *s1,char *s2)	在 s1 所指字符串中，找出字符串 s2 第一次出现的位置	返回找到的字符串的地址，找不到返回 NULL

5．时间函数（使用时应包含头文件"time．h"）

函数原型说明	函数功能	返回值
char*astime(struct tm*tblock);	转换日期和时间为 ASCII 字符串	返回指向字符串的指针
char*ctime(time_t*time);	把日期和时间转换为对应的字符串	返回指向包含日期和时间的字符串的指针
double difftime(time_t time2,time_t time1);	计算两个时刻之间的时间差	返回两个时刻的秒差值
struct tm*gmtime(time_t*time);	把日期和时间转换为格林尼治时间（GMT）	返回指向 tm 结构体的指针
time_t time(time_t*time);	取系统当前时间	返回系统的当前日历时间；若系统无时间，返回-1

6．动态分配函数和随机函数（使用时应包含头文件"stdlib．h"）

函数原型说明	函数功能	返回值
void *calloc(unsigned n,unsigned size)	分配 n 个数据项的内存空间，每个数据项的大小为 size 个字节	分配内存单元的起始地址；如不成功，返回 0
void *free(void *p)	释放 p 所指的内存区	无
void *malloc(unsignedsize)	分配 size 个字节的存储空间	分配内存空间的地址；如不成功，返回 0
void *realloc(void *p,unsigned size)	把 p 所指内存区的大小改为 size 个字节	新分配内存空间的地址；如不成功，返回 0
int rand(void)	产生 0~32767 的随机整数	返回一个随机整数
void exit(int state)	程序终止执行，返回调用过程，state 为 0 正常终止，非 0 非正常终止	无

参考文献

[1] 梁海英. C 语言程序设计[M]. 2 版. 北京：清华大学出版社，2015.

[2] 刘欣亮，李敏. C 语言程序设计[M]. 北京：电子工业出版社，2018.

[3] 徐国华，王瑶，侯小毛. C 语言程序设计[M]. 北京：人民邮电出版社，2018.

[4] 叶福兰，谢人强，傅龙天. C 语言程序设计[M]. 北京：清华大学出版社，2017.

[5] 杨连贺，赵玉玲，丁刚. C 语言程序设计[M]. 北京：清华大学出版社，2017.

[6] 苏小红，王宇颖，孙志岗. C 语言程序设计[M]. 3 版. 北京：高等教育出版社，2017.

[7] 杨路明. C 语言程序设计教程[M]. 4 版. 北京：北京邮电大学出版社，2018.

[8] 卢杜阶，桂学勤，焦翠珍. C 语言程序设计[M]. 北京：电子工业出版社，2016.

[9] 刘莹，王宁，杨雪梅. C 语言程序设计基础[M]. 重庆：重庆大学出版社，2017.